紊流数学模型研究
TURBULENCE MATHEMATICAL
MODELING STUDY

丁道扬　吴时强　著

科学出版社

北　京

内 容 简 介

在计算技术迅速发展的今天，探求有效数值计算方法预测紊流运动规律，有其重大的理论意义和实用价值。本书系统讲述了通过剖开算子法，用协调或拟协调单元解对流算子的计算方法，对高雷诺数紊流开展 DNS 计算的基本理论、方法及计算实例。全书共 11 章，第 1~4 章分别介绍紊流基本理论、计算方法、典型过跌坎紊流等，第 5~11 章分别介绍不同情景条件下的紊流计算实例，如二维/三维跌坎紊流 DNS 计算、三维跌坎紊流 LES 计算、网格加密计算及二维和三维对比计算分析等。

本书可供水利水电、环境、航空、土木、机械及其他以流体为对象的相关部门科研及设计人员阅读，亦可供大专院校相关专业的教师和研究生参考。

图书在版编目（CIP）数据

紊流数学模型研究 / 丁道扬，吴时强著. -- 北京 ： 科学出版社，2024. 12. -- ISBN 978-7-03-079617-2

Ⅰ. O357.5

中国国家版本馆 CIP 数据核字第 20249EM844 号

责任编辑：周　丹　沈　旭/责任校对：郝璐璐
责任印制：张　伟/封面设计：许　瑞

科学出版社 出版
北京东黄城根北街 16 号
邮政编码：100717
http://www.sciencep.com

北京汇瑞嘉合文化发展有限公司印刷
科学出版社发行　各地新华书店经销
*
2024 年 12 月第 一 版　开本：720×1000　1/16
2024 年 12 月第一次印刷　印张：7 1/2
字数：150 000

定价：109.00 元
（如有印装质量问题，我社负责调换）

作 者 简 介

丁道扬

　　教授级高级工程师，博士生导师。1934 年 11 月出生于江苏泰州，祖籍扬州。1959 年毕业于清华大学水利系，1959 年 10 月起一直在南京水利科学研究院工作，1986 年晋升为教授级高工，并经国务院学位委员会批准为博士生导师。曾任南京水利科学研究院水工水力学研究所所长，享受国务院政府特殊津贴。

　　多年来从事水力学、计算水力学、紊流力学的科学研究工作。主要成果有：1977 年首先提出用自由表面原理数值求解过坝水流数学模型；1988年在美国康奈尔大学进修期间提出用剖开算子法和高精度的有限元法解对流扩散方程数学模型；1989 年提出用剖开算子法解二维宽浅河道水流数学模型；2008 年提出三维弯道水流数学模型；2010 年以来一直从事高雷诺数紊流数学模型研究。

　　主持和参与国家自然科学基金、交通部行业科技项目、水利水电科学基金项目等数十项，包括"用有限元法计算溢流坝水流"、"水流压力脉动的谱分析及其谱特征"、"溢流坝水流数学模型"、"用有限单元法计算溢流坝坝头急变边界压力"、"正交变换法解自由表面临界流动"及"高雷诺数紊流流动直接数值模拟方法研究"等国家和省部级科研项目。

　　任第四、五届中国力学学会流体力学专业委员会委员；曾任国家科学技术进步奖评委和水利部高级职称评委会评委。在《中国科学》、《力学学报》、《中国工程科学》、*International Journal for Numerical Methods in Engineering* 等刊物共发表科技论文 74 篇，参编专著 3 部。

吴时强

二级正高级工程师，博士生导师。1964 年 11 月出生于浙江诸暨。1986 年 7 月毕业于武汉水利电力学院（现为武汉大学）水利水电工程建筑专业，1989 年 8 月于南京水利科学研究院获工学硕士学位，2001 年 8 月于南京水利科学研究院获工学博士学位。

现任南京水利科学研究院副院长、研究生院院长、长江保护与绿色发展研究院副院长（兼），国际水资源学会中国委员会副主席兼常务理事，中国水利学会水利水电风险管理专业委员会副主任，江苏省水利学会常务理事、水力学专业委员会主任，江苏省海洋湖沼学会副理事长，太湖流域水科学研究院副理事长，《水科学进展》《水利水运工程学报》《南水北调与水利科技》《水利水电科技进展》《水资源保护》《人民黄河》《大坝与安全》《水资源与水工程学报》等期刊编委。入选国家百千万人才工程、水利部"5151 人才工程"，江苏省"333 高层次人才培养工程"第二层次培养对象，获"国家有突出贡献中青年专家"、"严恺工程技术奖"、江苏省"优秀科技工作者"、"江苏省五一劳动奖章"、"江苏省十佳文明职工"、"江苏省十大河湖卫士"、中国航海学会会士等奖项和荣誉称号，享受国务院政府特殊津贴。

长期从事水工水力学、环境与生态水力学、计算水力学等水利电力领域的科研工作，先后主持完成了国家科技攻关（支撑）计划项目、国家"863"计划、国家自然科学基金、国家重大水专项、国家国际科技合作专项、国家重点研发计划项目、公益性行业专项及国内外重大工程科研项目 200 多项，在高坝泄洪消能与雾化、水力安全监测与评估、抽水蓄能电站水力特性研究、水利工程环境影响评价与治理、河湖水系连通与水安全保障、水-能源-粮食纽带关系与协调配置、城市水环境提升技术与实践、流域防洪风险分析及防洪影响评价等方面取得了众多创新性科研成果；获国家科学技术进步奖二等奖 3 项，大禹水利科学技术奖科技进步奖特等奖 1 项、一等奖 3 项，江苏省科学技术进步奖一等奖 1 项，其他省部级科技奖励 14 项；发表期刊论文 200余篇，会议论文 60 余篇，主、参编专著 14 部，主编行业标准规范 7 部，获授权国家发明专利 73 项、实用新型专利 30 项、软件著作权 16 项。

序 言

||||||||||||||||||||||

　　紊流是自然界常见的流动形态，是流体力学界的重要研究领域。紊流运动是非常不规则的神奇流动，紊流混沌理论的蝴蝶效应造成了天气的风云变幻。

　　用数值方法预测紊流、控制紊流，有重要的科学意义和实用价值。作者从事紊流数值计算方法研究已约 20 年，研究内容包括应用最普及的雷诺方程数值求解（Reynolds averaged Navier-Stokes equatians，RANS）法、最优的大涡模拟（large eddy simulation，LES）法、最普适的直接数值模拟（direct numerical simulation，DNS）法；重点研究了粗网格下用 DNS 法解高雷诺数复杂紊流，以及紊流不对称特性数值试验等。

　　这些研究内容，本可作为多篇论文发表，但一个项目完成，作者又出现一个新想法，就无法分别写出论文了，最终决定撰写这本书。本书提出了一些与学术界主流观点不同的观点，希望同行学者们对本书提出宝贵意见，无论是批评还是赞同，都能促进紊流数值研究的发展。

　　本书的编撰，得到了南京水利科学研究院吴修锋正高级工程师、薛万云博士、王芳芳博士和兰州理工大学樊新建博士的帮助与支持，作了多处补充和修改，他们的智慧和辛勤工作将一并留在本书的字里行间。本书的出版也得到了南京水利科学研究院出版基金资助。

本书虽数易其稿，但因紊流数值模拟内容博大精深，而作者才疏学浅，难免有不足之处，还望广大读者批评指正。

丁道扬　吴时强

2024 年 9 月

目　　录

第*1*章 引 论

1.1 层流和紊流

1883年著名的雷诺（Reynolds）试验发现实际流体运动存在着两种流态：层流（laminar flow）和紊流（turbulent flow，亦常称为湍流）。

两种运动有完全不同的流动形态，层流是很规则的流动，而紊流则是完全不规则的流动，流场内任一点流速和压力都随时间而随机脉动。对这两种流态很难给出明确的定义，它们之间不仅流态不同，而且能量损失、压力变化、流速分布规律也都不同。

自然界和工程中的大多数流动都是紊流。大到海洋环流，小到管道中的水流，紊流占绝大多数，所以研究紊流有着重要的理论意义和实用价值。

1.2 紊流研究历史

紊流是自然界和工程中最常见的流动形态，在计算机和计算技术迅速发展的今天，探求有效数值方法预测紊流运动规律，有重大的理论意义和实用价值，是紊流数学模型研究者追求的目标。

相对层流，紊流的运动形态复杂得多。自雷诺试验以来，对紊流的研究已取得一定进展。流动稳定性理论、紊流统计理论、紊流混沌理论、紊流数值方法，以及紊流流场试验技术研发等，都为我们认识紊流机理及数值模拟紊流提供了有力支撑。紊流力学研究仅有约 200 年的历史，一些著名科学家对这个领域的研究至今都有深远影响。

1827～1845 年纳维（Navier）和斯托克斯（Stokes）先后提出了 Navier-Stokes（N-S）方程，现在公认紊流可以通过该方程直接求解；1877 年布西内斯克（Boussinesq）首先提出了紊动黏滞系数概念；1883 年雷诺（Reynolds）通过著名的雷诺试验认识到水流由层流向紊流转变的现象，揭示了黏性流体存在两种截然不同的流动状态，即层流状态和紊流状态；1886 年雷诺通过时均 N-S 方程推导得雷诺方程，试图查明时均紊流流场规律，由于雷诺方程的不封闭性，此后许多科学家在此基础上开展了研究，形成了被广泛应用的雷诺方程数值求解（Reynolds averaged Navier-Stokes equatians，RANS）模型；1925 年德国科学家普朗特（L. Prandtl）提出了紊流混掺理论，建立了紊动黏性的计算式，后来冯·卡门（von Karman）和泰勒（G. I. Taylor）完善了普朗特理论，得到了应用至今的边界层流速对数分布公式；1941 年俄国科学家科尔莫戈罗夫（Kolmogorov）提出了著名的 5/3 定律和微尺度 η 理论，认为离散的网格尺度必须满足微尺度条件，雷诺数越大，要求网格越小，导致直接数值模拟（direct numerical simulation，DNS）研究发展受到很大制约。

1.3　数值模拟研究现状

为了闭合雷诺方程，建立的一系列计算方法统称 RANS 模型。当今紊流的数值计算仍然是最传统的 RANS 模型，模型中需要给定多个待定经验系数，而且仅在特定的计算对象下适用。科学家一直为寻求普适的模型而提出各种各样的模型，但仍未实现。因为 RANS 模型比 DNS、大涡模拟（large eddy simulation，LES）模型发展早，计算工作量少，所以仍被广泛应用。

最普适的模型应是 DNS 模型，即直接对 N-S 方程进行数值求解。但受科尔莫戈罗夫微尺度理论困扰，至今发展很慢。1972 年 Orszag 和 Patterson 开始了各向同性紊流 DNS 计算[1]。1997 年 H. Le、P. Moin 和

J. Kim 首先用 DNS 计算了复杂台阶紊流，Re=5000[2]，对 DNS 计算有深刻影响。时隔 17 年，M. A. Kopera 等于 2014 年提出了 Re=9000 的台阶紊流 DNS 计算结果[3]。

为克服 DNS 的不足，1974 年 Leonard 提出 LES 的紊流模型概念，通过所谓滤波概念，从 N-S 方程导出亚网格应力，再模型化求解，但最常应用的 LES 解法竟是早在 1963 年 Smagorinsky 提出的亚网格尺度（sub-grid scale，SGS）法，它比 LES 概念的出现早了 11 年[4]，而且至今一直是 LES 最主要的解法。LES 可以实现较大网格条件下的计算，虽然计算工作量远大于 RANS，但现代的大型计算机可以实现，所以学术界对 LES 有很高的评价。

在高雷诺数紊流下对 N-S 方程求解，须寻求高精度计算模式。目前的数值计算方法主要有差分法、有限元法和有限体积法及谱方法等，各种算法有各自的特点，公认谱方法是一种有效解法，但不适合复杂几何边界求解。

N-S 方程是瞬态的复合算子方程，特别适合用剖开算子法（fractional-step method）求解。1985 年 J. Kim 和 P. Moin 用剖开算子法成功计算了二维（2D）低雷诺数台阶流动[5]。

1.4　本书数值模拟研究

作为紊流数学模型研究者，当前应该把注意力放在何方，这是作者一直思考的问题。DNS 是最普适的方法，但科尔莫戈罗夫的微尺度理论又阻碍了 DNS 的发展。作者认识到，科尔莫戈罗夫的微尺度理论仅是对能谱曲线高频段理论和试验的概括，能谱曲线高频段处能量占总体能量的比例极小，为什么没有人突破微尺度理论，做一下尝试呢？

作者早在 2010 年就开始尝试对 DNS 方法进行研究，提出了以大涡控制的复杂紊流可以放弃微尺度 η 的观点；对雷诺数为 44 000 的二维跌坎紊流做了模拟计算，取得了较为满意的结果[6]。此后，作者围绕 DNS 方法做了一系列研究工作，不断探索和改进高雷诺数紊流 N-S 方程求解的方法。

虽然可在粗网格下用 DNS 计算，但由于高雷诺数下 N-S 方程的对流项占主导地位，而且是紊流产生的根源，如何提高对流的计算精度十分重要。作者提出了拟协调单元和协调单元解法，取得了较好的结果。

1989 年，丁道扬和 Philip L-F Liu 用剖开算子法和高精度埃尔米特单元成功模拟了浓度源强对流传输计算，初步探求了高雷诺数下数值求解 N-S 方程的方法[7]。

2014 年作者完成了 DNS 的 2D 拟协调单元计算成果，2018 年完成了 DNS 的三维（3D）协调单元研究成果，2021 年完成了紊流不对称性的 DNS 数值试验成果。

第**2**章 紊流基本方程及数值解法

2.1 Navier-Stokes（N-S）方程

本书主要讨论的对象是不可压流体，其连续方程为

$$\frac{\partial u}{\partial x}+\frac{\partial v}{\partial y}+\frac{\partial w}{\partial z}=0 \tag{2.1}$$

式中，u、v、w 分别为 x、y、z 方向的流速。

动量方程，即 N-S 方程，可由牛顿第二定律导出，黏性切应力按牛顿内摩擦定律表示为

$$\tau_{ij}=2\mu\varepsilon_{ij}=\mu\left(\frac{\partial u_i}{\partial x_j}+\frac{\partial u_j}{\partial x_i}\right) \tag{2.2}$$

式中，τ_{ij} 为切应力；μ 为流体黏性系数；ε_{ij} 为二维应变率张量，其中 i、j=1、2、3 分别代表坐标 x、y、z 方向，它是流体微团运动的角变率[8]。

由此可得到不可压流体 N-S 方程的守恒形式：

$$\frac{\partial u}{\partial t}+\frac{\partial(uu)}{\partial x}+\frac{\partial(vu)}{\partial y}+\frac{\partial(wu)}{\partial z}=X-\frac{1}{\rho}\frac{\partial P}{\partial x}+\frac{\partial}{\partial x}\left(\frac{\mu}{\rho}\left(\frac{\partial u}{\partial x}+\frac{\partial u}{\partial y}+\frac{\partial u}{\partial z}\right)\right)$$

$$\frac{\partial v}{\partial t}+\frac{\partial(uv)}{\partial x}+\frac{\partial(vv)}{\partial y}+\frac{\partial(wv)}{\partial z}=Y-\frac{1}{\rho}\frac{\partial P}{\partial y}+\frac{\partial}{\partial x}\left(\frac{\mu}{\rho}\left(\frac{\partial v}{\partial x}+\frac{\partial v}{\partial y}+\frac{\partial v}{\partial z}\right)\right) \tag{2.3}$$

$$\frac{\partial w}{\partial t}+\frac{\partial(uw)}{\partial x}+\frac{\partial(vw)}{\partial y}+\frac{\partial(ww)}{\partial z}=Z-\frac{1}{\rho}\frac{\partial P}{\partial z}+\frac{\partial}{\partial x}\left(\frac{\mu}{\rho}\left(\frac{\partial w}{\partial x}+\frac{\partial w}{\partial y}+\frac{\partial w}{\partial z}\right)\right)$$

式中，t 为时间；ρ 为密度；P 为压强，须指出，由于黏性流体压强 P 与方向有关，方程中压强采用三个垂直面平均值 P 代替，称为动水压力；X、Y、Z 分别为三个方向的体积力。

由于 μ、ρ 均是常数，式（2.3）可简化为常用形式：

$$\frac{\partial u}{\partial t} + \frac{\partial(uu)}{\partial x} + \frac{\partial(vu)}{\partial y} + \frac{\partial(wu)}{\partial z} = X - \frac{1}{\rho}\frac{\partial P}{\partial x} + \frac{\mu}{\rho}\nabla^2 u$$

$$\frac{\partial v}{\partial t} + \frac{\partial(uv)}{\partial x} + \frac{\partial(vv)}{\partial y} + \frac{\partial(wv)}{\partial z} = Y - \frac{1}{\rho}\frac{\partial P}{\partial y} + \frac{\mu}{\rho}\nabla^2 v \qquad (2.4)$$

$$\frac{\partial w}{\partial t} + \frac{\partial(uw)}{\partial x} + \frac{\partial(vw)}{\partial y} + \frac{\partial(ww)}{\partial z} = Z - \frac{1}{\rho}\frac{\partial P}{\partial z} + \frac{\mu}{\rho}\nabla^2 w$$

式（2.4）用张量的缩写形式表示为

$$\frac{\partial u_i}{\partial t} + \frac{\partial(u_i u_j)}{\partial x_j} = X_i - \frac{1}{\rho}\frac{\partial P}{\partial x_i} + \nu\nabla^2 u_i \qquad (2.5)$$

式中，$\nu = \dfrac{\mu}{\rho}$ 是运动黏性系数。

将 N-S 方程式（2.5）和连续方程式（2.1）联合求解，即可求出层流和紊流流场，通常称为直接数值模拟（DNS）法。

引入 N-S 方程无尺度形式，考虑不可压流体，定义特征长度为 h，特征流速为 u_0，P 用压力水头表示，Re 为雷诺数，故引入以下无尺度量：

$$\tilde{u}_i = \frac{u_i}{u_0}, \ \tilde{p} = \frac{P}{u_0^2/(2g)}, \ \tilde{t} = t\frac{u_0}{h}, \ Re = \frac{u_0 h}{\nu}, \ \tilde{x}_i = \frac{x_i}{h} \qquad (2.6)$$

为了简便起见，除特别说明外，书中叙述无量纲参数皆除去变量上的波浪号，并用小写表示。暂不研究自由表面紊流，忽略质量力。三维无量纲的连续方程和 N-S 方程表示为

$$\frac{\partial u_j}{\partial x_j} = 0 \qquad (2.7)$$

$$\frac{\partial u_i}{\partial t} + \frac{\partial(u_i u_j)}{\partial x_j} = -\frac{1}{\rho}\frac{\partial p}{\partial x_i} + \frac{1}{Re}\nabla^2 u_i \qquad (2.8)$$

式（2.8）可写成拉格朗日形式：

$$\frac{\mathrm{d}u_i}{\mathrm{d}t} = -\frac{1}{\rho}\frac{\partial p}{\partial x_i} + \frac{1}{Re}\nabla^2 u_i \qquad (2.9)$$

N-S 方程是一个非线性复合算子方程，式（2.8）等号左边为非线性对流项，等号右边是压力传播项和黏性项。在求解高雷诺数流动时，除了近固体边界外，黏性项几乎可以略去，对流项起主导作用，这也导致了高雷诺数下紊流求解困难。

在后面的各个算例中，本书均采用无尺度方程，各流动参数均由无尺度参数表示。应该指出，只有在三维 N-S 方程下方可解出紊流，如果 N-S 方程稍有改变，紊流特征将丧失。如由 N-S 方程沿水深积分而得的适用于宽浅河道的著名圣维南（Saint-Venant）方程，便得不到具有紊流特征的解；N-S 方程时均之后的雷诺方程组用 RANS 法求解也得不到紊流脉动特征。

2.2 雷诺（Reynolds）方程

1. 雷诺方程推导

1894 年，雷诺为了研究紊流，将 N-S 方程做了时均处理，流场流速及压力分解为时均量和脉动量[8]：

$$u_i = \overline{u}_i + u_i', \ p = \overline{p} + p' \tag{2.10}$$

$$\overline{u}_i = \int_0^T u_i \mathrm{d}t, \ \overline{p} = \int_0^T p \mathrm{d}t \tag{2.11}$$

式中，$\overline{u}_i$ 为 i 向时均流速；$\overline{p}$ 为时均压强；u_i'、p' 分别为脉动流速和脉动压强。显然：

$$\overline{u_i'} = 0, \ \ \overline{p'} = 0 \tag{2.12}$$

方便起见，写成常用雷诺方程形式，去掉均值符号：

$$\frac{\partial u}{\partial t} + \frac{\partial(uu)}{\partial x} + \frac{\partial(uv)}{\partial y} + \frac{\partial(uw)}{\partial z} =$$
$$-\frac{1}{\rho}\frac{\partial p}{\partial x} + \frac{\partial}{\partial x}\left(\frac{\mu}{\rho}\frac{\partial u}{\partial x} - \overline{u'u'}\right) + \frac{\partial}{\partial y}\left(\frac{\mu}{\rho}\frac{\partial u}{\partial y} - \overline{u'v'}\right) + \frac{\partial}{\partial z}\left(\frac{\mu}{\rho}\frac{\partial u}{\partial z} - \overline{u'w'}\right)$$

$$\frac{\partial v}{\partial t} + \frac{\partial(vu)}{\partial x} + \frac{\partial(vv)}{\partial y} + \frac{\partial(vw)}{\partial z} =$$
$$-\frac{1}{\rho}\frac{\partial p}{\partial y} + \frac{\partial}{\partial x}\left(\frac{\mu}{\rho}\frac{\partial v}{\partial x} - \overline{v'u'}\right) + \frac{\partial}{\partial y}\left(\frac{\mu}{\rho}\frac{\partial v}{\partial y} - \overline{v'v'}\right) + \frac{\partial}{\partial z}\left(\frac{\mu}{\rho}\frac{\partial v}{\partial z} - \overline{v'w'}\right)$$

$$\frac{\partial w}{\partial t} + \frac{\partial (wu)}{\partial x} + \frac{\partial (wv)}{\partial y} + \frac{\partial (ww)}{\partial z} =$$

$$-\frac{1}{\rho}\frac{\partial p}{\partial z} + \frac{\partial}{\partial x}\left(\frac{\mu}{\rho}\frac{\partial w}{\partial x} - \overline{w'u'}\right) + \frac{\partial}{\partial y}\left(\frac{\mu}{\rho}\frac{\partial w}{\partial y} - \overline{w'v'}\right) + \frac{\partial}{\partial z}\left(\frac{\mu}{\rho}\frac{\partial w}{\partial z} - \overline{w'w'}\right)$$

$$(2.13)$$

各脉动流速时均相关项和黏性剪应力量纲相同，可称为时均后引起的附加切应力，写成如下张量表达式：

$$\frac{\partial u_i}{\partial t} + \frac{\partial (u_i u_k)}{\partial x_k} = -\frac{1}{\rho}\frac{\partial p}{\partial x_i} + \frac{\mu}{\rho}\frac{\partial}{\partial x_k}\left(\frac{\partial u_i}{\partial x_k}\right) - \frac{1}{\rho}\frac{\partial \tau_{ik}}{\partial x_k} \qquad (2.14)$$

式中，$\tau_{ik} = \overline{u_i' u_k'}$，为附加紊动切应力。

N-S 方程时均后出现了附加紊动切应力项，导致方程组不闭合，不能直接用雷诺方程数值求解。此后 100 多年间，研究者一直在为解决方程的闭合问题做大量研究，并取得一定进展，统称为 RANS 法。

2. 雷诺方程封闭方法

根据 1877 年布西内斯克（Boussinesq）提出的紊动黏性概念，认为紊动切应力具有与黏性切应力类似的关系[9]：

$$-\rho\tau_{ij} = \mu_t\left(\frac{\partial u_i}{\partial x_j} + \frac{\partial u_j}{\partial x_i}\right) - \frac{2}{3}\rho k\delta_{ij} \qquad (2.15)$$

式中，ρ 为流体密度；μ_t 为紊动黏性系数；k 为紊动动能；δ_{ij} 为 delta 函数。

布西内斯克假设与黏性流体切应力表达式类似，只是多加了右端第二项，保证脉动对正应力影响。实际上，附加压力项被压力项吸收后，数值解不受其影响。作者认为紊动黏性假设可直接用黏性流体应力表达，只是有紊动黏性系数和流体黏性系数之别。为了确定紊动黏性系数，又形成了各种建模方法。还应指出，普朗特（L. Prandtl）和布西内斯克的理论有着相互验证的关系。根据紊动黏性系数 μ_t 的不同模拟方法，紊流模型又可以分为零方程模型、一方程模型、两方程模型等，其中 $k\text{-}\varepsilon$ 模型是应用最广的两方程模型。

3. 雷诺方程平均方法讨论

关于雷诺方程平均方法有很多阐述，用得最多的是时均方法，后来学者们又补充增加了空间平均和整体平均，均可导得雷诺方程。一般工程中的流动均为非均匀流，显然空间平均不适用，而整体平均很难实现。雷诺方程平均应理解为时间平均，但对选定时均时长 T 则少有讨论，如何选定值得研究。当然无论 T 如何选，导出的雷诺方程形式没有差别，只是时均意义有所变化。

紊流总是非恒定的，空间任意点的流动参数都随时间而变化，如果积分时长 T 足够大，时均流动趋于稳定，作者把此流动称为"准恒定流"，以区别通常的恒定流。对这种准恒定流，本书推荐时均时长 T 越长越合理，可取 $T \approx \infty$。

对于 LES 模型，通常采用局部空间平均模式，空间平均尺度为网格尺度 $\mathrm{d}x$，以补偿由于计算网格过大引起的误差。实际上 LES 也可用时均平均，T 可取时间步长，即 $T = \Delta t$。

无论时均时长是多少，雷诺方程的形式总是不变的，关键是后续的处理。

2.3 雷诺方程数值求解方法（RANS 法）

由雷诺方程数值求解紊流，统称 RANS 法。由于时均产生的雷诺应力导致方程不闭合，目前围绕雷诺方程的闭合问题，解决方法可分为两类——雷诺应力法（RSM）和黏性模型。

1. 雷诺应力法（RSM）

可以通过理论推导出雷诺应力输运方程，王福军和 David C. Wilcox 分别在他们的著作中有详细推导[10,11]，本书仅作简要介绍。由 N-S 方程和雷诺方程可导出雷诺应力方程：

$$\frac{\partial \tau_{ij}}{\partial t} + \left[u_k \frac{\partial \tau_{ij}}{\partial x_k} \right] = \left[-\tau_{jk} \frac{\partial u_j}{\partial x_k} - \tau_{ik} \frac{\partial u_i}{\partial x_k} \right]_3 + \left[\varepsilon_{ij} \right]_2 - \left[\Pi_{ij} \right]_1$$
$$+ \left[\frac{\partial}{\partial x_k} \left[\nu \frac{\partial \tau_{ij}}{\partial x_k} + C_{ijk} \right] \right]_4 \tag{2.16}$$

式（2.16）等号左边第一项为对流项，右边下标 1 为压力应变项，下标 2 为黏性耗散项，下标 3 为应力产生项，下标 4 为输运扩散项，式中：

$$\Pi_{ij} = \overline{p' \left(\frac{\partial u_i'}{\partial x_j} + \frac{\partial u_j'}{\partial x_i} \right)} \tag{2.17}$$

$$\varepsilon_{ij} = 2\mu \overline{\frac{\partial u_i}{\partial x_k} \frac{\partial u_j'}{\partial x_k}} \tag{2.18}$$

$$C_{ijk} = \overline{pu_i'u_j'u_k'} + \overline{p'u_i'}\delta_{jk} + \overline{p'u_j'}\delta_{ik} \tag{2.19}$$

对以上各项再设法模型化求解。

一般公认 RSM 适合解决复杂紊流问题，但其工作量很大，要解六个雷诺应力输运方程。为减少计算量，把雷诺应力微商用代数式代替，称为 RSM 代数模型。

上面介绍的是适应高雷诺数紊流的方法，对于低雷诺数紊流也有不少研究。

2. 黏性模型

Boussinesq 首先提出雷诺应力涡黏性假设：

$$-\rho \overline{u_i'u_j'} = \mu_t \left(\frac{\partial u_i}{\partial x_j} + \frac{\partial u_j}{\partial x_i} \right) - \frac{2}{3} \rho k \delta_{ij} \tag{2.20}$$

式中，用 $\overline{u_i'u_j'}$ 表示 τ_{ij}。

应指出，应用著名的 Prandtl 半经验半理论公式导出的流速梯度与紊动切应力表达式，在三维条件下即式（2.20）。进一步表明 Boussinesq 假设有一定的合理性。黏性模型的关键是如何确定 μ_t。众所周知，确定 μ_t 有零方程模型、一方程模型和两方程模型。在两方程模型中又有 $k\text{-}\omega$ 模型、标准 $k\text{-}\varepsilon$ 模型、RNG $k\text{-}\varepsilon$ 模型、Realizable $k\text{-}\varepsilon$ 模型等。

由 Launder 和 Spalding 提出[12]的标准 $k\text{-}\varepsilon$ 模型应用最广，假设紊动黏

性系数 μ_t 由动能 k 和耗散率 ε 确定。根据量纲分析可得

$$\mu_t = \rho C_\mu \frac{k^2}{\varepsilon} \tag{2.21}$$

式中，C_μ 为经验常数。

不可压流体 k、ε 的输运方程容易导得

$$\frac{\partial(\rho k)}{\partial t} + \frac{\partial(\rho k u_i)}{\partial x_i} = \frac{\partial}{\partial x_j}\left[\left(\mu + \frac{\mu_t}{\sigma_k}\right)\frac{\partial k}{\partial x_j}\right] + G_k - \rho\varepsilon \tag{2.22}$$

$$\frac{\partial(\rho\varepsilon)}{\partial t} + \frac{\partial(\rho\varepsilon u_i)}{\partial x_i} = \frac{\partial}{\partial x_j}\left[\left(\mu + \frac{\mu_t}{\sigma_\varepsilon}\right)\frac{\partial\varepsilon}{\partial x_j}\right] + C_{1\varepsilon}\frac{\varepsilon}{k}G_k - C_{2\varepsilon}\rho\frac{\varepsilon^2}{k} \tag{2.23}$$

式中，

$$G_k = \mu_t\left\{2\left[\left(\frac{\partial u}{\partial x}\right)^2 + \left(\frac{\partial v}{\partial y}\right)^2 + \left(\frac{\partial w}{\partial z}\right)^2\right] + \left(\frac{\partial u}{\partial y} + \frac{\partial v}{\partial x}\right)^2 + \left(\frac{\partial v}{\partial z} + \frac{\partial w}{\partial y}\right)^2 + \left(\frac{\partial w}{\partial x} + \frac{\partial u}{\partial z}\right)^2\right\}$$

$$\tag{2.24}$$

Launder 推荐的有关系数取值为 $C_{1\varepsilon}=1.44$，$C_{2\varepsilon}=1.92$，$C_\mu=0.09$，$\sigma_k=1.0$，$\sigma_\varepsilon=1.3$。

RANS 是目前应用历史最久、应用范围最广的紊流数学模型，但还不能适应各种复杂的流体物理背景，目前学者们一直在为建立普适的紊流数学模型而努力。

2.4　直接解 N-S 方程方法（DNS）

如前所述，DNS 法是公认的最普适解法，但受科尔莫戈罗夫微尺度理论所限，要求极小网格时的计算工作量巨大，现代高性能计算机仍未实现高 Re 数计算的能力，以致其数十年来发展很慢。

用 DNS 法解高雷诺数紊流，另一个困难是数值方法的选择。高雷诺数下对流项是非线性的，相对扩散项占主导地位，对流项必须用高精度模式求解，而且要用三维求解。目前常用的解法为有限体积法，采用交错网格布置，很难创建高精度模式，只能用加密网格补偿不足，这种方法导致计算工作量巨大；现代快速傅里叶谱方法是公认的有效方法，但仅适应规则

区域求解；有限单元法也是 DNS 采用的有效方法，能适应复杂几何形状边界，但计算工作量最大。

作者提出了一种 DNS 的解法，即三分步的剖开算子法，用有限单元网格离散流场，可适应复杂的几何边界，能有效地获得高雷诺数紊流的数值解。后面第 4 章将介绍作者建立的新解法。

2.5 大涡模拟方法（LES）

1974 年 Leonard 引入 LES 的滤波基本思想，为补偿不能满足科尔莫戈罗夫微尺度要求，对 N-S 方程进行滤波，把满足各向同性的小波滤掉，用模型补偿小波对解的影响，而对大波可直接模拟，故称为大涡模拟，并得到业界的高度重视。但是，要滤去什么尺度的小涡、如何保证滤去的是指定尺度的小涡，未见相关报道。通过滤波后不可压流体 N-S 方程简化为

$$\frac{\partial u_i}{\partial t} + \frac{\partial (u_i u_k)}{\partial x_k} = -\frac{1}{\rho}\frac{\partial p}{\partial x_i} + \frac{\mu}{\rho}\frac{\partial}{\partial x_k}\left(\frac{\partial u_i}{\partial x_k}\right) - \frac{1}{\rho}\frac{\partial \tau_{ik}}{\partial x_k} \tag{2.25}$$

$$\frac{\partial u_k}{\partial x_k} = 0 \tag{2.26}$$

式中，u_i、u_k 和 p 为滤波后的流速及压力；τ_{ik} 为滤波引起的附加切应力，称亚网格应力。

有学者把滤波分成盒式滤波、高斯（Gauss）滤波等，都要对上式中亚网格应力模型化求解，但未见不同滤波有不同模型方法。

早在 1963 年，由 Smagorinsky 提出的 SGS 法，是目前几乎唯一应用的模型。Smagorinsky 假设滤波引起的附加切应力为

$$\tau_{ik} = -2\mu_t s_{ik} + \frac{1}{3}\tau_{kk}\delta_{ik} \tag{2.27}$$

式中，τ_{ik} 是 SGS 应力；μ_t 为涡黏性系数；δ_{ik} 为 delta 函数；s_{ik} 为

$$s_{ik} = \frac{1}{2}\left(\frac{\partial u_i}{\partial x_k} + \frac{\partial u_k}{\partial x_i}\right) \tag{2.28}$$

SGS 模型类比普朗特（Prandtl）半经验半理论的混合长理论，给出了三维条件下涡黏性系数 μ_t：

$$\mu_t = \rho(C_s\Delta)^2\sqrt{2s_{ik}s_{ik}} \qquad (2.29)$$

式中，Δ 表示格子滤波尺度，取网格各边长的几何平均；C_s 为 Smagorinsky 常数。

如上所述，SGS 模型可纳入 RANS 模型中黏性模型的零方程模型。但 SGS 模型可以给出瞬时流场解，SGS 称为大涡模拟很确切，因为它可以在较大的网格尺寸下进行数值求解。下文会提到用雷诺时间平均，亦可导得与 Smagorinsky 提出的亚网格尺度模型 SGS 完全一致的计算格式。

第 **3** 章 过跌坎紊流

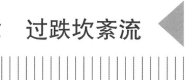

3.1 概 述

过跌坎紊流（backward-facing step）是工程中最常遇到的一种复杂紊流，其中内部流有燃烧问题、水利工程中的门槽过流问题、坝面不平整度空化问题等，外部流最重要的有机翼绕流、建筑物绕流、桥墩绕流等。过跌坎紊流是一种复杂紊流，主流与边界分离又再与边界附着，产生不规则大涡，流场流速、压力、能量均产生急变。

过跌坎紊流是研究者常选用的数值模拟计算对象。1980 年，在美国斯坦福复杂紊流学术会议上，建议把 J. Kim 等的过跌坎紊流试验作为数值研究验证对象[13]。

3.2 J. Kim 试验

该试验在美国斯坦福大学（Stanford University）开展。如图 3.1 所示，试验在宽 W=96 cm 的矩形风洞中进行，由喇叭口过渡段进入平直段，上游流道高 W_1=7.62 cm，坎高 HT=3.81 cm，相应收缩比为 1.5，称 REF 组，该组做全面测量；HT=2.54 cm，收缩比为 1.33，称 STEP1 组，仅做部分测量；STEP3 组则是从其他文献引入的数据，收缩比为 2。根据荷兰代尔夫特理工大学（Delft University of Technology）的研究报告[14]，REF 组以自由流

流速 U_0 和坎高 HT 表示的 Re 数为 44 000。下游流道高 3HT，突扩比为 2 : 3，水平宽高比 W/HT=16~24，基本上可视作二维流动，也可用于二维跌坎水流计算的验证资料。

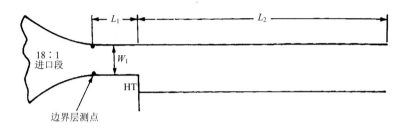

W_1(进口高度)= 3 in(7.62 cm)
L_1(进口长度)= 12 in(30.48 cm)
L_2(试验长度)= 92 in(233.68 cm)
HT(可调节阶梯高度)= 0~8 in(0~20.32 cm)

图 3.1 试验剖面图

时均流场下可得 REF 组再附着位置，为 X_r/HT=7.0，其中 X_r 为再附着位置距进口的长度。紊动切应力如图 3.2 所示。

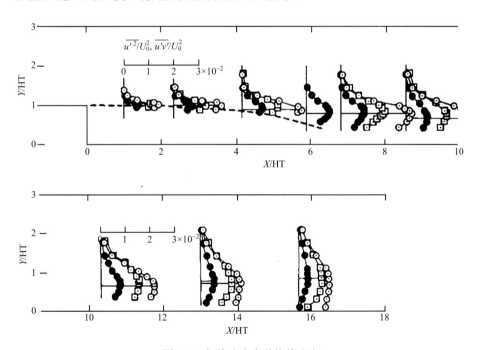

图 3.2 各脉动应力时均值分布

图 3.3 给出了沿流程各断面上最大剪切应力的变化。

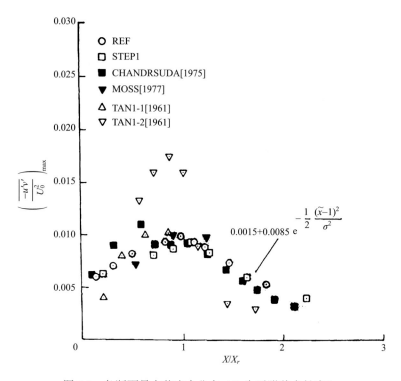

图 3.3　各断面最大剪应力分布（X_r 为再附着点长度）

J. Kim 试验采用了当时的先进量测设备，但尚无粒子图像测速（particle image velocimetry，PIV）技术，难以给出瞬时流场及时均流场。本书涉及的计算主要以该试验结果为验证依据。

3.3　南京水科院樊新建 PIV 试验

2010 年在南京水利科学研究院水工水力学研究所进行了二维跌坎紊流试验，采用先进的 PIV 测试设备。试验以水为介质，在水槽中进行。如图 3.4 所示，槽宽为 20 cm，坎高 h 为 2.6 cm，坎前长 2.2 m，高为 6.6 cm，坎后长 2.8 m，收缩比为 1.39。可对雷诺数 Re=500～50 000 范围台阶后的流动进行详细量测。

16

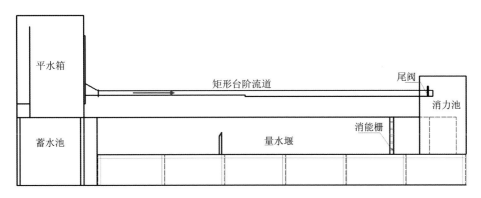

图 3.4　试验水槽布置图

以进口自由流速 U_0、坎高 h 表示的雷诺数 Re=47 901，给出该高雷诺数下的试验结果如下。

图 3.5 为沿流程 x 各断面水平时均流速 u 的分布。图 3.6 为水槽中心剖面时均流速 u 的分布。

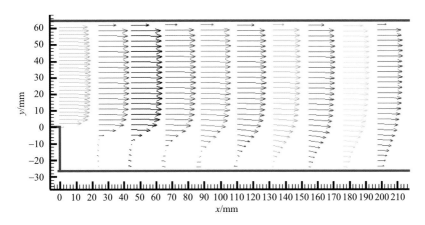

图 3.5　沿流程 x 各断面水平时均流速 u 分布（Re=47 901）

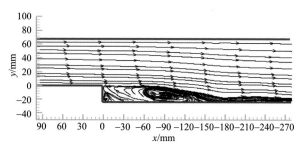

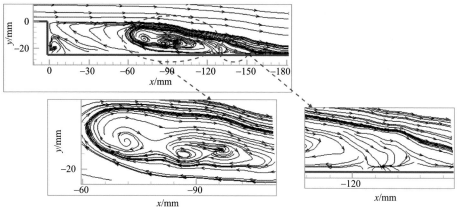

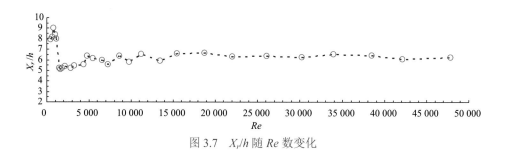

图 3.6　中心剖面时均流速 u 分布

图 3.7 给出了 X_r/h 随 Re 数变化的曲线。从图 3.7 可看出，当 $Re>15\,000$ 时，X_r/h 基本无明显变化，收缩比为 1.39，X_r/h 约为 6.0。

图 3.7　X_r/h 随 Re 数变化

定义压力系数 C_p 为

$$C_p = \frac{p - p_\infty}{\frac{1}{2}\rho v^2}$$

式中，p 为压力；p_∞ 为无限远处压力或常压；ρ 为流体密度；v 为流速。

由图 3.8 可见，当 $Re>35\,000$，压力系数变化较小。

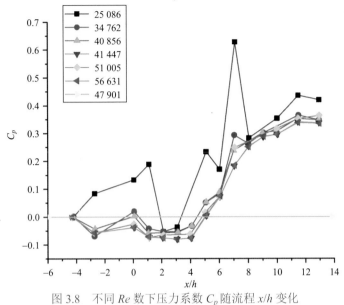

图 3.8　不同 Re 数下压力系数 C_p 随流程 x/h 变化

图 3.9 给出了 $Re=46\,105$ 时不同的瞬时流场图。由图 3.9 可见，不同瞬时流场形态不同，还可见各瞬时有多个大小有异的涡流。

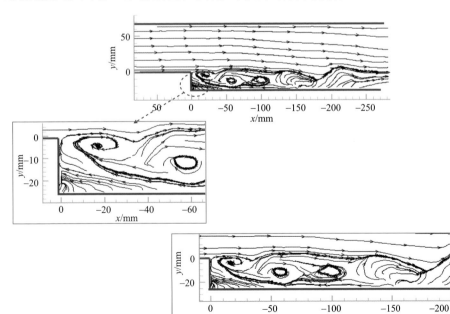

(a)

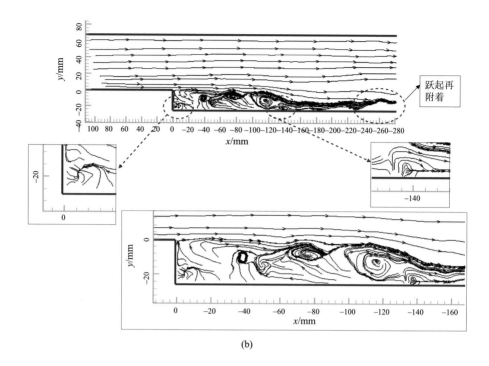

(b)

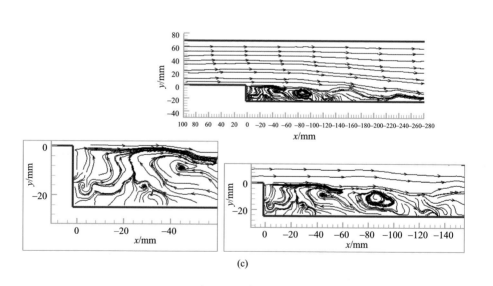

(c)

20

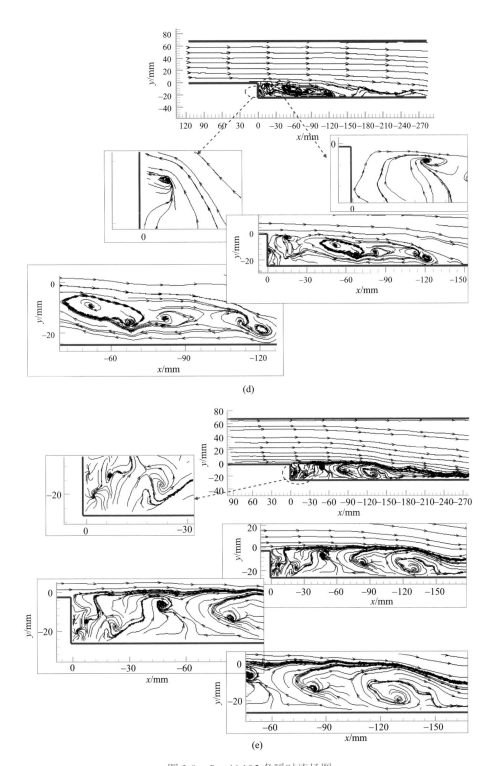

(d)

(e)

图 3.9　$Re = 46\,105$ 各瞬时流场图

图 3.10 为 *Re*=46 105 的瞬时流场云图。

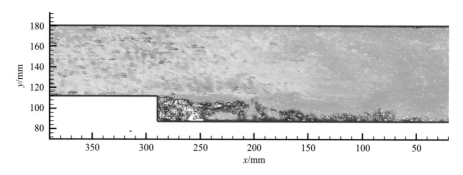

图 3.10　*Re*=46 105 瞬时流场云图

须指出，紊流总是三维的，但仅做了二维 PIV 测试，数据仅供参考，不过紊流基本特征已显示出来。

第 *4* 章　剖开算子法与埃尔米特插值

4.1　概　　述

N-S 方程及其紊流模型方程，由于它的复杂性，很难用解析法求解，主要是用数值方法求解。数值方法有很多种，这些方法的共同特点是通过对流场离散化，把连续的求解化为离散节点求解。不同的离散方法，形成不同的数值方法，导出各节点待求函数的代数方程组求解。最常见的有三种各具特点的数值方法。

1. 有限差分法

有限差分法是应用最早、理论研究最严密的数值方法。通过各种方法把微分方程化为差分方程，形成节点上待求函数的代数方程组求解。离散网格通常与整体坐标轴分别平行，节点间距各自相等，形成的代数方程组是三线性的，存储量小，计算速度快。有限差分法最大的缺点是不适合复杂的曲边（面）的求解，而拟合坐标方法的出现，弥补了这个缺点，但也派生出新的问题。最近提出的高精度紧致差分格式，为解高雷诺数的 N-S 方程提供了有利条件。

2. 有限单元法

有限单元法是工程结构力学流行的数值方法，20 世纪 70 年代已开始用于求解流体力学问题。该方法通过各种数学方法，把微分方程转化为积分方程，其中最通用的方法是利用伽辽金加权余量法形成积分方程，然后离散化为代数方程组求解。有限单元法离散网格灵活多变，可适应复杂的几何形状边界，但计算工作量大于有限差分法。

3. 有限体积法

有限体积法是当今计算流体力学中得到广泛应用的数值方法，每个离散节点，有相应的控制体，形成无空隙的网格系统，从 N-S 方程守恒形式开始，对控制体积积分，形成代数方程组求解。通常用类似差分法的结构网格，之后发展到非结构网格，兼顾了有限单元法适应复杂边界和有限差分法计算量小的优点。为保证计算收敛性，采用了交错网格布置，带来了一定的处理困难，高精度模式应用亦有困难。

上述三种常用方法各有特点，很难评价这些数值方法的优劣，对解不同的工程问题，在方法选择上会有取舍。本书聚焦于 N-S 方程数值解，三种解法中都会遇到解对流算子的困扰，需要采用特别的迎风格式。

N-S 方程是复合算子的瞬态方程，对流算子是双曲型，扩散算子是抛物型，特别适合用剖开算子法，采用各自适应方法求解。

剖开算子法又称分步法（fractional-step method），是苏联学者 Yanenko 等首先提出的概念，适用于瞬态的多维多算子的偏微分方程。当时主要用于把三维问题转化为单维问题分步求解，此后剖开算子法得到推广应用，用于复合算子的求解，在时间步长 Δt 内按不同算子特性，用各自适应的方法分步求解，可对各种算子分别选用适合的数值方法[15]。

求解不可压流体高雷诺数 N-S 方程，主要难点如下：

（1）高雷诺数下对流算子起重要作用，而且对流项是强非线性的；

（2）不可压流体虽然参数相对简单，但没有求解压力方程，导致求解的困难。

为解决这些难点，本书采用三步剖分法解决上述困难。

J. Kim 和 P. Moin 用剖开算子法成功计算了 2D 低雷诺数不可压流体台阶流动，但仅将方程剖分为压力梯度项和包括对流项在内的其他项，作为两分步求解，可方便求解压力。

4.2 三步剖分法

针对不可压流体，略去体积力，N-S 方程可由式（2.7）、式（2.8）导得无尺度的连续方程和非守恒形式动量方程：

$$\frac{\partial u}{\partial x} + \frac{\partial v}{\partial y} + \frac{\partial w}{\partial z} = 0 \tag{4.1}$$

$$\frac{\partial u}{\partial t} + u\frac{\partial u}{\partial x} + v\frac{\partial u}{\partial y} + w\frac{\partial u}{\partial z} = -\frac{1}{\rho}\frac{\partial P}{\partial x} + \frac{1}{Re}\nabla^2 u$$

$$\frac{\partial v}{\partial t} + u\frac{\partial v}{\partial x} + v\frac{\partial v}{\partial y} + w\frac{\partial v}{\partial z} = -\frac{1}{\rho}\frac{\partial P}{\partial y} + \frac{1}{Re}\nabla^2 v \tag{4.2}$$

$$\frac{\partial w}{\partial t} + u\frac{\partial w}{\partial x} + v\frac{\partial w}{\partial y} + w\frac{\partial w}{\partial z} = -\frac{1}{\rho}\frac{\partial P}{\partial z} + \frac{1}{Re}\nabla^2 w$$

将上式分为三个分步求解。

1. 对流分步

$$\frac{\partial u}{\partial t} + u\frac{\partial u}{\partial x} + v\frac{\partial u}{\partial y} + w\frac{\partial u}{\partial z} = 0$$

$$\frac{\partial v}{\partial t} + u\frac{\partial v}{\partial x} + v\frac{\partial v}{\partial y} + w\frac{\partial v}{\partial z} = 0 \tag{4.3}$$

$$\frac{\partial w}{\partial t} + u\frac{\partial w}{\partial x} + v\frac{\partial w}{\partial y} + w\frac{\partial w}{\partial z} = 0$$

2. 压力分步

$$\frac{\partial u}{\partial t} = -\frac{1}{\rho}\frac{\partial P}{\partial x}$$

$$\frac{\partial v}{\partial t} = -\frac{1}{\rho}\frac{\partial P}{\partial y} \tag{4.4}$$

$$\frac{\partial w}{\partial t} = -\frac{1}{\rho}\frac{\partial P}{\partial z}$$

3. 扩散分步

$$\frac{\partial u}{\partial t} = \frac{1}{Re}\nabla^2 u$$

$$\frac{\partial v}{\partial t} = \frac{1}{Re}\nabla^2 v \qquad (4.5)$$

$$\frac{\partial w}{\partial t} = \frac{1}{Re}\nabla^2 w$$

按时间步长 Δt 剖分有两种描述，常见的一种是如剖分 n 个算子，则每一算子积分时间为 $\Delta t / n$，另一种是对每个算子积分时间都用 Δt，两者效果是一致的，本书采用后者表述。

4.3　埃尔米特（Hermite）插值函数

在高雷诺数下用 DNS 求解紊流流场，面临的最大难点是如何设计高精度数值方法。高雷诺数下，除了近壁外，黏性作用甚小，几乎可以忽略，对流项占主导地位，通常线性插值会引起较大的数值阻尼，这就需要提出低数值阻尼算法。虽然可以通过减小网格尺寸来降低数值阻尼的作用，但这往往会得不偿失，导致计算量明显增加，累积误差也随之增加。作者曾在求解浓度输运方程中做过比较，采用埃米尔特插值函数有明显优势，所以本书选用它作为对流分步插值方法。有限单元法中已有埃尔米特插值函数应用，单元节点上仅保证函数及其一阶导数连续，称拟协调单元。若保证节点上函数及其一阶导数、混合导数均连续，则称为协调单元，它保证单元界线（面）法向导数连续，精度高于拟协调单元[16]。

以一维为例，两点之间的插值函数用三次多项式，用两节点的待插函数及一阶导数，可求出三次多项式待定系数，埃尔米特插值保证了节点间物理量函数连续，而且其一阶导数也连续，插值精度很高。

4.4　埃尔米特（Hermite）插值方法效果的数值试验

对于高雷诺数水流，黏性项对于扩散项影响甚小，数值求解时必须设法减少对流项引起的数值阻尼。这里用文献[3]的特征线法，对一维纯对流问题进行数值计算，以寻找减小数值阻尼的有效方法。假设在长 L=30 m、流速 u 为 1 m/s 的一维管道中，在距入流 5 m 处放一污染团做纯对流运动，初始浓度分布如下：

$$C = C_0 \exp\left(-\frac{(x - x_0)^2}{2\sigma^2}\right) \tag{4.6}$$

式中，C 为浓度；x_0 为中心位置；C_0 为浓度中心点处相对本底的浓度值，C_0=1.0；σ 为 0.5；计算时间步长 Δt 为 0.001 s，总计算时间 T 为 20 s。图 4.1 分别给出了节点总数 n=94、120、189、351、750、1500、3000、6000、12 000 共 9 组，用通常采用的单元二节点线性插值模式，经 20 s 时长，即 20 000Δt 的计算结果。可见随节点数增加而浓度峰值增大，接近理论解，说明减小网格尺度确实可以减少数值阻尼，提高计算精度。

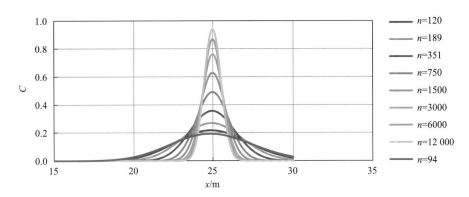

图 4.1　线性插值 t=20 s 时浓度分布计算结果

　　如果对同样的问题，采用二节点三次高阶埃尔米特插值函数，在节点上将浓度 C 和它的导数 C_x 均作为未知数求解，则保证解的空间函数及其导数在离散节点上均连续。图 4.2 给出了埃尔米特插值函数的计算结果，可见当 n=189 时，该法在 20 s（20 000 步）时最大相对浓度 C_m 计算值为 0.94，费时仅约 0.8 s，而用通常的线性插值计算，同样当 n=189 时，C_m 值为 0.26。从图 4.1 中可见，线性插值方法，当 n 增大到 12 000 时，C_m 方可达到 0.94，但是计算费时要 24 s。

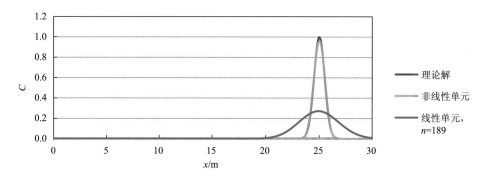

图 4.2　高精度非线性埃尔米特插值 $t=20\,\mathrm{s}$ 计算结果

　　图 4.2 表明，当计算精度相同时，线性单元节点数过大，计算费时比埃尔米特插值方法要多 30 倍左右，可见保证节点导数连续的埃尔米特插值法能很好地处理非线性，有效地提高数值计算效率。

　　构造埃尔米特插值单元并非易事，二维问题、三角形单元下已有成熟的拟协调单元算法，并常用于求解薄板问题。本书用它求解了 2D 的絮流问题，3D 问题尚未见有相关研究报道，而本书构造了一种用于 3D 絮流计算的协调单元方法。

第5章 DNS 计算二维跌坎紊流

5.1 概　　述

早在 2012 年，作者对高雷诺数跌坎水流做了二维数值 DNS[17]，当时由于未采用高精度埃尔米特插值单元，压力计算值有明显误差，现重新补充二维计算。仍用文献[17]的过跌坎紊流试验条件，作为数值计算对象和验证依据。为了使计算条件尽可能符合试验条件，将入流计算边界布置在跌坎上游 $4h$ 处，$L_1=4h$，h 为坎高，将出流断面放在坎后 $30h$ 处，$L_2=30h$，初始流场为静态流场，计算边界如图 5.1 所示。

图 5.1　计算边界示意图

用三角形单元离散流场，流速 u、v 和压力 p 均设置在同一节点上，避免了流速压力交错网格布置的困难，采用如图 5.2 所示的均匀网格布置。

通过不同网格密度布置，分别对总节点数 $N=2847$、6084、6325、$12\,435$、$16\,751$、$24\,981$，共六组进行了比较计算，发现二维条件下，网格节点数在 6000 以上时，计算结果无明显差异，因此下文列出 $N=6084$ 的计算结果。该组垂向网格高度为 $\Delta y=0.1h$，水平宽度为 $\Delta x=0.1667h$，$\Delta t=0.04h/u_0$，u_0

为入流断面势流速度。

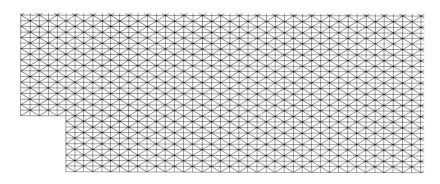

图 5.2 单元网格布置

5.2 基本方程和定解问题

参照第 2 章无尺度 N-S 方程，给出二维对流控制方程：

$$\frac{\partial u}{\partial x} + \frac{\partial v}{\partial y} = 0 \tag{5.1}$$

$$\frac{\partial u}{\partial t} + u\frac{\partial u}{\partial x} + v\frac{\partial u}{\partial y} = -\frac{1}{\rho}\frac{\partial P}{\partial x} + \frac{1}{Re}\nabla^2 u$$

$$\frac{\partial v}{\partial t} + u\frac{\partial v}{\partial x} + v\frac{\partial v}{\partial y} = -\frac{1}{\rho}\frac{\partial P}{\partial y} + \frac{1}{Re}\nabla^2 v \tag{5.2}$$

进口断面流速对称分布，两端点流速为零，假设进口流速采用如下分布：

$$u_i = u_0[-\exp(-my)] \tag{5.3}$$

式中，u_i 为坐标 y 的流速；u_0 为 $y=1/2H_1$ 的流速；m 为系数。

式（5.3）中 m 值决定边界层的动量排挤厚度，选取 $m=35$。图 5.3 给出了入流流速分布，入流边界压力作为自然边界条件处理。在出口边界，流速按无反射边界条件处理，压力为一类边界条件，并令 $P=0$。初始条件按静止流场给出，各流动参数均为零。

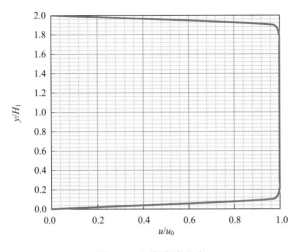

图 5.3　入流流速分布

目前为止，对于具有非线性项的复合算子方程组式（5.1）、式（5.2）的定解问题，其适定性在数学上尚无证明，只有经验性地通过数值试验确定。利用现有的 DNS 法模拟紊流时，文献[2, 14]均要求给出进口流速随机脉动过程，以诱发流场产生脉动，这个要求甚难满足，只得以各种方法近似给出。实际上，在高雷诺数下流态失稳是 N-S 方程解的固有特性，即使不附加随机流速脉动的入流条件，也能得到紊动流场的计算结果，故本书在入流边界未附加流速随机脉动量。

5.3　对流分步求解

对流分步适合用特征线法求解，可避免算子非线性的处理困难，将对流项写成拉格朗日意义下的形式：

$$\frac{\mathrm{d}u}{\mathrm{d}t} = 0, \quad \frac{\mathrm{d}v}{\mathrm{d}t} = 0 \tag{5.4}$$

在二维下用三角形单元离散流场。如图 5.4 所示，设想在 n 时刻 D 处一个质点，在无外力作用下经 Δt 时段到达考察点 M。本书称 D 点为 M 的对流点，D 点所在单元称为对流单元。由式（5.4）给出时间推进的离散形式：

$$\frac{u_{i,M}^{c} - u_{i,D}^{n\Delta t}}{\Delta t} = 0 \tag{5.5}$$

式中，$u_{i,D}^{n\Delta t}$ 为 $n\Delta t$ 时刻对流单元内 D 点 i 方向流速；$u_{i,M}^{c}$ 为 D 质点在无外力推动下，经 Δt 时间到达考察点 M 的对流后流速。

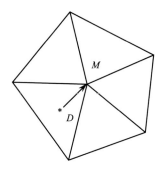

图 5.4 对流示意图

该质点运动的迹线方程（即特征线）为

$$\frac{\mathrm{d}x}{\mathrm{d}t} = u, \quad \frac{\mathrm{d}y}{\mathrm{d}t} = v \tag{5.6}$$

对式（5.6）积分，有

$$x_M - x_D = u\Delta t, \quad y_M - y_D = v\Delta t \tag{5.7}$$

式中，x_M、x_D 为 M、D 点 x 坐标；y_M、y_D 为 M、D 点 y 坐标。

首先要求出三角形单元 D 点坐标，它可用面积坐标表示，在三角形线性单元内，它的（x，y）坐标和流速（u，v）均为线性分布，用面积坐标可表示为

$$x_D = \sum_{i=1}^{3} L_i x_i, \quad y_D = \sum_{i=1}^{3} L_i y_i$$
$$u_D = \sum_{i=1}^{3} L_i u_i, \quad v_D = \sum_{i=1}^{3} L_i v_i \tag{5.8}$$

则 D 点的面积坐标值可由式（5.9）解出

$$\begin{bmatrix} L_{D,1} \\ L_{D,2} \end{bmatrix} = \begin{vmatrix} a_{11} & a_{12} \\ a_{21} & a_{22} \end{vmatrix} \begin{bmatrix} f_1 \\ f_2 \end{bmatrix} \tag{5.9}$$

式中，

$$a_{11} = (x_1 - x_3) + (u_1 - u_3)\Delta t$$
$$a_{12} = (x_2 - x_3) + (u_2 - u_3)\Delta t$$
$$a_{21} = (y_1 - y_3) + (v_1 - v_3)\Delta t$$
$$a_{22} = (y_2 - y_3) + (v_2 - v_3)\Delta t \tag{5.10}$$
$$f_1 = x_3 + u_3\Delta t$$
$$f_2 = y_3 + v_3\Delta t$$

则可求出

$$L_{D,1} = (f_1 a_{22} - f_2 a_{12}) / (a_{11} a_{12} - a_{21} a_{22})$$
$$L_{D,2} = (f_2 a_{11} - f_1 a_{21}) / (a_{11} a_{12} - a_{21} a_{22}) \tag{5.11}$$
$$L_{D,3} = 1 - L_{D,1} - L_{D,2}$$

在程序编制中，把图 5.4 中考察点 M 设为单元局部编号"3"，故式（5.10）中 x_3、u_3、y_3、v_3 均变为 x_M、u_M、y_M、v_M。

由式（5.11）求得 D 点 $n\Delta t$ 时刻的位置坐标。对考察点 M 相连的单元重复计算，直到 D 点处在相应的单元内，该单元即为考察点 M 的对流单元，D 点为 M 的对流点。只要 Δt 满足 CFL（Courant-Friedrichs-Lewy）条件，一定可以找出对流单元及其对流点。

以上仅适用于求解对流单元及对流点 D。必须指出，若用线性插值式（5.5）求解对流点 D 流速，可方便地求出 M 点（n+1）Δt 时刻对流后的流速。容易证明，线性插值函数将产生显著的数值阻尼，5.7 节将说明埃尔米特插值函数的应用。

必须指出，如何找出图 5.4 中 D 点质点所在的单元是首要解决的一个问题。通常的方法是将（n+1）Δt 时刻 M 点流速向量相反方向所在的单元，称为 M 点的迎风单元，即为 D 点质点所在单元。但是，数值试验发现，在迎风单元求出的 D 点的三个面积坐标中常会出现小于零的情况，表明对流质点不在该单元。所以使用确定迎风单元的常用方法，易导致计算失真，甚至发散而导致无法正常计算。追究其原因，主要是高雷诺数条件下，复杂紊流流场的流速在时空上变化频率高且振幅大，难以保证在一个计算时段 Δt 内，在围绕 M 点的各单元区间内流速均维持单一方向变化。

为此，本书引入一个对流单元的概念，在围绕 M 点的各个单元中某个单元在 $n\Delta t$ 时刻质点经 Δt 时间到达 M 点，则称该单元为 M 点的对流单元。

对流单元多数情况下和迎风单元一致，但在流场变化剧烈的漩涡区可能会不一致。对围绕 M 点的每个单元均逐个计算 D 点的三个面积坐标值，当三个坐标值均大于零时，即为欲求的 D 点质点所在的对流单元。

须指出，文献[15]提出了一种对流扩散方程的杂交方法，对迎风单元用所谓改进特征线法计算了对流算子，认为时间步长不受限制，但作者实践表明，时间步长必须满足如下条件：

$$\Delta t < \frac{h}{u} \tag{5.12}$$

式中，h 为单元最小高度；u 为节点主流速。对于高雷诺数复杂素流，应严格控制计算时间步长。

5.4　压力分步求解

将式（4.4）写成如下差分形式：

$$\begin{aligned}
\frac{u^p - u^c}{\Delta t} &= -\frac{1}{\rho}\frac{\partial p^{n+1}}{\partial x} \\
\frac{v^p - v^c}{\Delta t} &= -\frac{1}{\rho}\frac{\partial p^{n+1}}{\partial y}
\end{aligned} \tag{5.13}$$

式中，u^p 和 v^p、u^c 和 v^c 分别为压力分步和对流分步流速值；p^{n+1} 为（$n+1$）Δt 时刻的压强值。

分别对式（5.13）中的 x，y 求导，并满足连续方程：

$$\frac{\partial u^p}{\partial x} + \frac{\partial v^p}{\partial y} = 0 \tag{5.14}$$

则可导得压力泊松方程：

$$\frac{\partial^2 p^{n+1}}{\partial x^2} + \frac{\partial^2 p^{n+1}}{\partial y^2} = \frac{\rho}{\Delta t}\left(\frac{\partial u^c}{\partial x} + \frac{\partial v^c}{\partial y}\right) \tag{5.15}$$

应用伽辽金加权余量法，并用分部积分法降阶，由上式可导得如下的积分方程：

$$\iint\limits_{\Omega}\left(\frac{\partial N}{\partial x}\frac{\partial p^{n+1}}{\partial x} + \frac{\partial N}{\partial y}\frac{\partial p^{n+1}}{\partial y}\right)\mathrm{d}A = \int_L N\frac{\partial p^{n+1}}{\partial n}\mathrm{d}s + \frac{\rho}{\Delta t}\iint\limits_{\Omega} N\left(\frac{\partial u^c}{\partial x} + \frac{\partial v^c}{\partial y}\right)\mathrm{d}A \tag{5.16}$$

式中，N 为权函数，在固壁上压力是自然边界条件，即压力法向导数为 0。式（5.16）等号右边第一项实际不存在，能自动满足自然边界条件，是有限元解椭圆方程的优势。采用三角形线性单元离散流场，由式（5.16）导出的线性代数方程组，其系数矩阵是正定对称的稀疏矩阵，特别适合应用线性求解（L-R）法求解。求得压力后再由式（4.4）求出压力分步后高时位的流速值。可见，剖开算子法的应用为耦合求解压力提供了有利条件。

5.5　扩散分步求解

由式（4.5）给出 2D 的扩散分步方程：

$$\frac{\partial u}{\partial t} = \frac{1}{Re}\left(\frac{\partial^2 u}{\partial x^2} + \frac{\partial^2 u}{\partial y^2}\right)$$
$$\frac{\partial v}{\partial t} = \frac{1}{Re}\left(\frac{\partial^2 v}{\partial x^2} + \frac{\partial^2 v}{\partial y^2}\right)$$

（5.17）

式（5.17）的时间离散形式为

$$u^{n+1} = u^p + \frac{\Delta t}{Re}\left(\frac{\partial^2 u^{n+1}}{\partial x^2} + \frac{\partial^2 u^{n+1}}{\partial y^2}\right)$$
$$v^{n+1} = v^p + \frac{\Delta t}{Re}\left(\frac{\partial^2 v^{n+1}}{\partial x^2} + \frac{\partial^2 v^{n+1}}{\partial y^2}\right)$$

（5.18）

应用伽辽金加权余量法，考虑到流速的边界条件，则等价于求解如下积分方程：

$$\iint_{\Omega} N u^{n+1} \mathrm{d}A + \iint_{\Omega}\left(\frac{\partial N}{\partial x}\frac{\partial u^{n+1}}{\partial x} + \frac{\partial N}{\partial y}\frac{\partial u^{n+1}}{\partial y}\right)\mathrm{d}A = \iint_{\Omega} N u^n \mathrm{d}A$$
$$\iint_{\Omega} N v^{n+1} \mathrm{d}A + \iint_{\Omega}\left(\frac{\partial N}{\partial x}\frac{\partial v^{n+1}}{\partial x} + \frac{\partial N}{\partial y}\frac{\partial v^{n+1}}{\partial y}\right)\mathrm{d}A = \iint_{\Omega} N v^n \mathrm{d}A$$

（5.19）

与压力分步求解相似，不难求出动量扩散分步的高时位流速，即得到一个完整时间步长后的高时位流速。

5.6 剖开算子法收敛性

读者会提问，上述剖开算子法能收敛于总体方程的解吗？在此回答如下。

如果不采用剖开算子法，在二维条件下，式（5.2）可用如下隐式离散形式表示：

$$\begin{aligned}
\frac{u^c - u_D^{n\Delta T}}{\Delta t} &= -\frac{1}{\rho}\frac{\partial p^{n+1}}{\partial x} + \frac{1}{Re}\left(\frac{\partial^2 u^{n+1}}{\partial x^2} + \frac{\partial^2 u^{n+1}}{\partial y^2}\right) \\
\frac{v^c - v_D^{n\Delta T}}{\Delta t} &= -\frac{1}{\rho}\frac{\partial p^{n+1}}{\partial y} + \frac{1}{Re}\left(\frac{\partial^2 v^{n+1}}{\partial x^2} + \frac{\partial^2 v^{n+1}}{\partial y^2}\right)
\end{aligned} \tag{5.20}$$

用上述三个分步算法，将得到的式（5.5）、式（5.13）和式（5.18）三式相加，略去考察点 M 的角标，则得到和式（5.20）一样的形式，说明本书应用的三步剖分法，等价于总体方程隐式离散求解，从而证明本书用的剖开算子法解 N-S 方程是收敛的。

5.7 拟协调单元对流插值

式（5.5）中 $u_{i,D}^{n\Delta}$ 用线性插值函数仅适用于寻找对流单元，但要确定 M 的对流值，必须用高精度埃尔米特插值函数，具体做法如下。

考察三角形单元，在单元内插值公式以面积坐标的三次多项式表示，即

$$\begin{aligned}
\phi &= a_1\lambda_1^3 + a_2\lambda_2^3 + a_3\lambda_3^3 + a_4\lambda_1^2\lambda_2 + a_5\lambda_1^2\lambda_3 + a_6\lambda_2^2\lambda_1 \\
&\quad + a_7\lambda_2^2\lambda_3 + a_8\lambda_3^2\lambda_1 + a_9\lambda_3^2\lambda_2 + a_{10}\lambda_1\lambda_2\lambda_3
\end{aligned} \tag{5.21}$$

该式有 10 个待定系数，利用三节点上函数值及 x，y 方向导数值共 9 个参变量条件，需外加约定的关系[18]，推出如下关系：

$$2\sum_{i=1}^{3}a_i - \sum_{i=4}^{9}a_i + 2a_{10} = 0 \tag{5.22}$$

则可导得拟协调单元的插值公式：

$$\phi = \sum_{i=1}^{3}(N_i\varphi_i + N_{i+3}\varphi_{x,i} + N_{i+6}\varphi_{y,i}) \tag{5.23}$$

$$N_1 = \lambda_1^2(\lambda_1 + 3\lambda_2 + 3\lambda_3) + 2\lambda_1\lambda_2\lambda_3$$
$$N_2 = \lambda_2^2(\lambda_2 + 3\lambda_3 + 3\lambda_1) + 2\lambda_1\lambda_2\lambda_3$$
$$N_3 = \lambda_3^2(\lambda_3 + 3\lambda_1 + 3\lambda_2) + 2\lambda_1\lambda_2\lambda_3$$
$$N_4 = \lambda_1^2(c_3\lambda_2 - c_2\lambda_3) - 0.5(c_2 - c_3)\lambda_1\lambda_2\lambda_3$$
$$N_5 = \lambda_2^2(c_1\lambda_3 - c_3\lambda_1) - 0.5(c_3 - c_1)\lambda_1\lambda_2\lambda_3 \qquad (5.24)$$
$$N_6 = \lambda_3^2(c_2\lambda_1 - c_1\lambda_2) - 0.5(c_1 - c_2)\lambda_1\lambda_2\lambda_3$$
$$N_7 = \lambda_1^2(b_2\lambda_3 - b_3\lambda_2) - 0.5(b_3 - b_2)\lambda_1\lambda_2\lambda_3$$
$$N_8 = \lambda_2^2(b_3\lambda_1 - b_1\lambda_3) - 0.5(b_1 - b_3)\lambda_1\lambda_2\lambda_3$$
$$N_9 = \lambda_3^2(b_1\lambda_2 - b_2\lambda_1) - 0.5(b_2 - b_1)\lambda_1\lambda_2\lambda_3$$

式中，

$$\lambda_{x,i} = \frac{b_i}{2\Delta}, \lambda_{y,i} = \frac{c_i}{2\Delta}, b_i = y_j - y_k$$
$$c_i = x_k - x_j, \Delta = 0.5(b_i c_j - c_i b_j) \qquad (5.25)$$

用以上方法可求出高精度对流点 D 的流速，即 M 点对流流速。

5.8　计　算　结　果

图 5.5 给出了坎后 $x=5.33h$ 断面上接近漩涡中心处压力及流速脉动量变化过程计算结果。

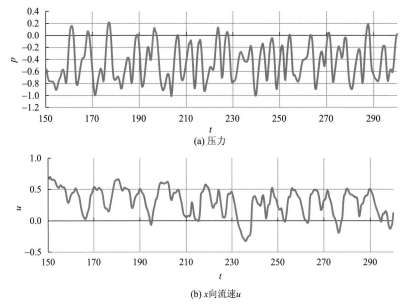

(a) 压力

(b) x 向流速 u

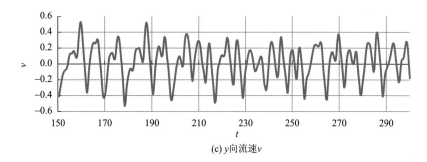

(c) y向流速v

图 5.5 漩涡中心压力及流速脉动量变化过程

可见在高雷诺数下，产生紊动是 N-S 方程失稳的固有特性，即使入流断面未附加随机脉动流速，仍然产生脉动的紊流流场，避免了给定入流边界条件的困难。

算例表明，t=150h/u_0 后流场流速及压力呈现平稳的随机振荡过程。本书分别对 t=150h/u_0 至 t=300h/u_0，以及 t=600h/u_0 至 t=1200h/u_0 的两个时段进行了统计分析，二者无明显差别，表明上面列出的时均结果是可信的。

用考察点与进口压力之差来定义压力系数 C_p，为

$$C_p = \frac{p - p_0}{\frac{1}{2} u_0^2}$$

式中，p_0 和 u_0 分别为进口压力及流速。图 5.6 给出了跌坎边壁时均压力系数 C_p 沿程变化结果。

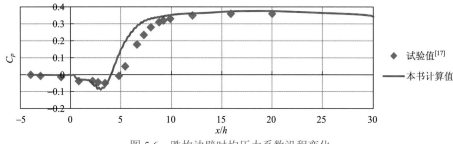

图 5.6 跌坎边壁时均压力系数沿程变化

由图 5.6 可见，跌坎流动压力系数呈现台阶式变化，在坎后回流区产生明显的负压力系数。从坎后 20h 起开始转为正常渠道流动。

图 5.7 给出了坎后距下边壁 0.1h 处的时均水平流速沿程分布，用此图确定再附着点长度 X_r，可见 X_r/h=7.0，与试验结果一致。

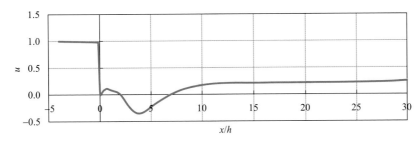

图 5.7　距坎边壁 $0.1h$ 时均水平流速 u 沿程变化

　　图 5.8 给出了不同瞬时流速矢量场，可见主流从跌坎分离后再附着的过程，坎后下游产生多个漩涡，这些漩涡不断演变、合并、分裂、变形。

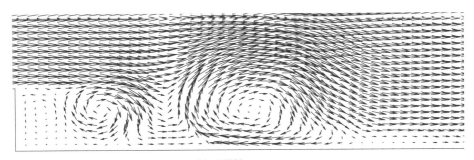

(a) $t=150h/u_0$

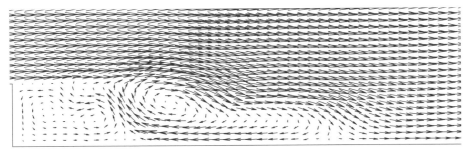

(b) $t=175h/u_0$

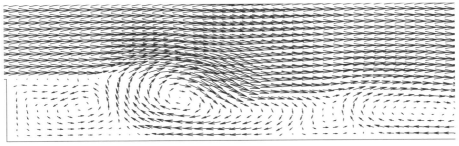

(c) $t=210h/u_0$

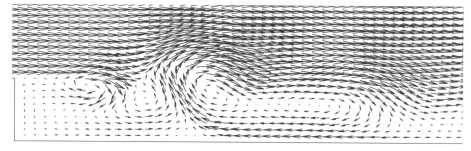

(d) $t=300h/u_0$

图 5.8　坎后局部瞬时流速矢量场

图 5.9 给出了时均流速矢量场计算结果。由图 5.9 可见，坎后形成一个规则时均流场，主流在坎处分离，坎后形成一个大主涡，并在 $6.9h$ 至 $7.0h$ 之间再附着，紧靠坎后还有一个尺度小、强度弱的漩涡，称为角涡。

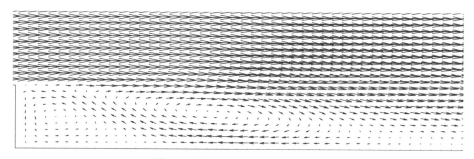

图 5.9　坎后局部时均流速矢量场

图 5.10 给出了两个完整瞬时流场云图，可见二者流态多变。图 5.11 还给出了两个不同时段的时均流速云图，分别是（150～300）h/u_0 和（600～1200）h/u_0，可见二者流速云图分布十分相似，说明二者都处于平稳的随机过程，表明所给出的时均结果是可信的。

(a) $t=300h/u_0$

(b) $t=1200h/u_0$

图 5.10　瞬时流场主流速等值线图

(a) $t=(150\sim300)h/u_0$时长内统计时均主流速等值线

(b) $t=(600\sim1200)h/u_0$时长内统计时均主流速等值线

图 5.11　两组时段的时均流速云图

图 5.12 分别给出了 x/h=5.33、8.0 和 13.3 三个断面上的水平流速 u 的计算结果，并和试验进行了比较，可见二者虽有一定差异，但趋势一致。

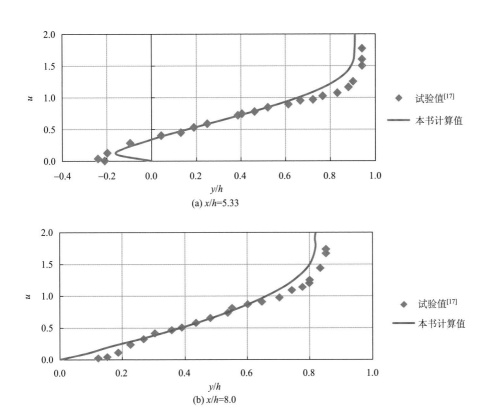

(a) x/h=5.33

(b) x/h=8.0

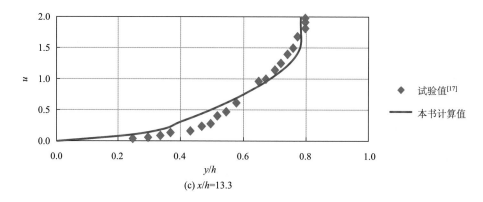

(c) $x/h=13.3$

图 5.12　坎后断面水平流速 u 分布图

跌坎水流属于边界突扩型流动，导致能量突然损失，水利工程中的洞塞消能工、台阶消能工等均是利用边界突扩所致消能损失原理而设计的，因此查明跌坎水流的能量变化规律有其实际意义。水力学中习惯用能量水头（能头）表示断面瞬时通过的单位体积能量，以描述能量的输送特性。断面无尺度瞬时能量水头用式（5.26）计算：

$$E_j = \frac{1}{q} \int_{y_\mathrm{d}}^{y_\mathrm{u}} u_j (p_j + u_j^2 + v_j^2) \mathrm{d}y \qquad (5.26)$$

式中，E_j 为断面 j 瞬时能头；q 为单宽流量；y_u、y_d 分别为断面上下边界坐标；p_j、u_j、v_j 分别为断面 j 处压强、流速。

由式（5.26）可算得各断面时均能头 $\overline{E}_j$，定义 C_e 为入流断面 1 与考察断面 j 的时均能头之差，即 $C_e = \overline{E}_1 - \overline{E}_j$，表示能量沿程相对损失率，相当于水力学中突扩水流定义的损失系数（ξ），计算可得 $\xi=0.11$。

图 5.13 给出了 C_e 沿流程变化的计算结果。可见能头损失在坎后呈台阶形变化规律，在坎后漩涡区剧烈振荡，能头损失明显，导致坎后水流分

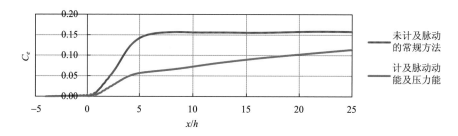

图 5.13　相对能头沿程变化规律

离，形成大尺度漩涡运动，伴随着巨大的能量损失，远超过小涡引起的黏性损失。还可见在 $x/h=20$ 处，C_e 值为 0.11，相当于水力学中突扩水流损失系数（ζ）的计算值。

计算能头损失的常规方法是用时均流速和压力水头计算，但计及紊流脉动后，二者有较大偏差。为查明原因，在图 5.13 中列出二种方法计算的结果，可见二者相差甚大，计及脉动后，在坎后相当长的流程后能量损失还很大。由此可见，若坎后流场紊动强度大，在计算断面能头时应考虑脉动的作用。

图 5.14 给出了跌坎边壁无尺度脉动压力均方差沿程分布，可见在坎后游涡激烈运动区域内脉动压力均方差存在一个明显的峰值，峰值约 0.35，这个结果目前尚未得到试验验证。图 5.15 给出了坎后最大紊动切应力沿程分布的计算结果，并和试验进行了比较，发现计算值在坎后仍有一个明显的峰值区域，而试验值没有明显峰值，这种差异的原因有待今后进一步查明。

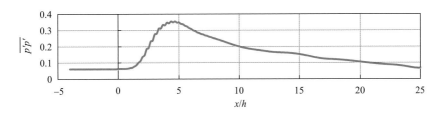

图 5.14　跌坎边壁无尺度脉动压力均方差沿程计算结果

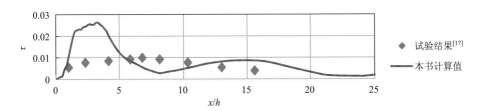

图 5.15　坎后最大紊动切应力沿程分布图

第6章 DNS计算三维跌坎紊流

6.1 问题的提出

作者已在粗网格下用 DNS 方法模拟了二维高雷诺数跌坎流动,初步证实了 DNS 方法可在粗网格下计算高雷诺数紊流。紊流流动具有三维性,因此本章进一步在较粗网格下用 DNS 方法求解三维过跌坎紊流。

对于粗网格下高雷诺数三维过跌坎紊流,DNS 数值解的求解难度进一步加大,目前尚未见高精度埃尔米特函数在三维单元中应用的报道。本章进一步研究一种适用于三维的高精度、低数值阻尼的六面体协调单元数值解法,以有效改进解的稳定性和收敛性。

6.2 定解问题的给定

仍用1980年美国斯坦福复杂紊流学术会议上推荐的文献[13]中的过跌坎紊流试验作为数值研究验证对象。为了使计算条件尽可能符合试验条件,采用坎高为 h,坎上游流道高 $L_{1z}=2h$,下游流道高 $L_{2z}=3h$,收缩比 $L_{2z}/L_{1z}=1.5$,$L_{1x}=4h$,$L_{2x}=30h$,$L_y=4h$,以自由流动的流速 u_0 和坎高 h 表示的 Re 为 44 000,将入流边界布置在跌坎上游 $4h$ 处,将出流断面设在坎后 $30h$ 处(图6.1)。

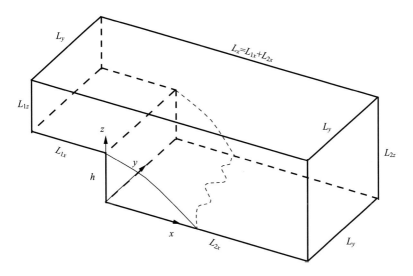

图 6.1　计算区域示意图

考虑不可压流体，采用压力水头表示压力，特征长度为坎高 h，特征流速为进口断面自由流速 u_0，引入以下无尺度量：

$$\tilde{u}_i = \frac{u_i}{u_0}, \ \tilde{p} = \frac{P}{u_0^2/(2g)}, \ \tilde{t} = t\frac{u_0}{h}, \ Re = \frac{u_0 h}{\nu}, \ \tilde{x}_i = \frac{x_i}{h} \tag{6.1}$$

除特别说明外，书中叙述皆用无量纲参数，并除去波浪号，可导得三维无量纲的连续方程和 N-S 方程：

$$\frac{\partial u_i}{\partial x_i} = 0 \tag{6.2}$$

$$\frac{\partial u_i}{\partial t} + \frac{\partial(u_i u_j)}{\partial x_j} = -\frac{1}{\rho}\frac{\partial p}{\partial x_i} + \frac{1}{Re}\nabla^2 u_i \tag{6.3}$$

式（6.3）可写成拉格朗日形式：

$$\frac{\mathrm{d}u_i}{\mathrm{d}t} = -\frac{1}{\rho}\frac{\partial p}{\partial x_i} + \frac{1}{Re}\nabla^2 u_i \tag{6.4}$$

N-S 方程是具有非线性项的复合算子方程，目前为止在数学上尚无法严格证明其定解的存在性、适定性和唯一性，只能半经验半理论地给出它的初始条件和边界条件。本书在入流边界上，流速用一类边界条件，给出恒定的入流流速分布，压力用自然边界条件，法向导数为零；在固定壁面边界，流速按无滑动边界处理，压力仍作为自然边界条件处理；在出口边界，流速按无反射流速条件处理，压力采用一类边界，并令 $P=0$。初始条件设为静止流场。对于侧向边界，由于试验是在很宽的槽道中进行，为减少计算工作量，计算中采用 $L_y/h=4$，两侧作为滑动边界处理，没有采用较常用的周期边界。

对于入流边界，采用恒定的入流条件，未叠加流速随机脉动，数值计算结果表明这是可行的。

6.3 剖开算子法解 N-S 方程

与前述 2D 流动相同，仍按算子性质将动量方程剖分为三个分步，依次是对流分步、压力分步和扩散分步：

$$\frac{\partial u_i}{\partial t} + \frac{\partial u_i u_j}{\partial x_j} = 0 \tag{6.5}$$

$$\frac{\partial u_i}{\partial t} = -\frac{1}{\rho}\frac{\partial p}{\partial x_i} \tag{6.6}$$

$$\frac{\partial u_i}{\partial t} = \frac{1}{Re}\nabla^2 u_i \tag{6.7}$$

在一个 Δt 时间步长内，通过三步完成时间推进，具体做法如下。

1. 对流分步

采用特征线法求解对流分步，可避免强非线性的处理困难，将式（6.5）写成拉格朗日意义下的形式：

$$\frac{\mathrm{d}u_i}{\mathrm{d}t} = 0 \tag{6.8}$$

对考察点 M，随时间推进的离散形式为

$$\frac{u_i^c - u_{i,D}^{n\Delta t}}{\Delta t} = 0 \tag{6.9}$$

类似前述 2D 的处理方式，设想有一个质点 n 时刻在 D 点处，经 Δt 在无外力作用下到达考察点 M。本书称 D 点为 M 的对流点，它所在单元称为对流单元。式（6.9）中的 $u_{i,D}^{n\Delta t}$ 为对流质点 D 在 $n\Delta t$ 时刻的流速，u_i^c 即

为该质点 D 经 Δt 时间到达考察点 M 的对流后流速。该质点运动的迹线方程（即特征线）为

$$\frac{\mathrm{d}x_i}{\mathrm{d}t} = u_i \tag{6.10}$$

任意六面体单元内点坐标值用三线性插值模式：

$$x_i = \sum_{k=1}^{6} N_k x_{i,k} \tag{6.11}$$

式中，N_k 为三线性任意六面体单元形函数，以变换空间正方体形式给出，它的表达式可从任何有限单元法论著中查到，这里不再给出。单元内流速可用如下线性插值函数求得

$$u_i = \sum_{k=1}^{6} N_k u_{i,k} \tag{6.12}$$

类似二维跌坎流动，考察点 M 的对流点 D 可用式（6.10）、式（6.11）、式（6.12）的关系求出，对式（6.10）在 Δt 时段积分，则得到一个三维的非线性代数方程组，用牛顿迭代法可解出 D 点坐标。对考察点 M 相连的单元重复同样的计算，直到 D 点在相应的单元内，该单元即为 M 的对流单元，D 点为 M 的对流点。只要 Δt 满足 CFL 条件，一定可以找出对流单元及其对流点。

必须指出，求对流点 D 流速用线性的式（6.9），它只用于求对流点，不可用于确定对流值，否则会引入很大的数值阻尼，网格越粗，数值阻尼越严重，导致解不稳定甚至失真。因此，需要采用高精度插值模式，减少数值阻尼的影响。

2. 压力分步

从式（6.6）可得时间的离散式：

$$\frac{u_i^p - u_i^c}{\Delta t} = -\frac{1}{\rho} \frac{\partial p^{(n+1)\Delta t}}{\partial x_i} \tag{6.13}$$

式中，u_i^p 和 u_i^c 分别表示压力传播作用后的值和对流后的值。为求出高时位压力，式（6.13）分别对 x、y、z 求导相加，并满足连续方程式（6.2），则得

$$\nabla^2 p^{(n+1)\Delta t} = \frac{\rho}{\Delta t}\frac{\partial u_j^c}{\partial x_j} \tag{6.14}$$

式（6.14）是典型的压力泊松方程，最适合用有限单元法求解。用伽辽金加权余量法，等价求解如下的积分方程：

$$\iiint \frac{\partial N_k}{\partial x_j}\frac{\partial p^{(n+1)\Delta t}}{\partial x_j}\mathrm{d}v = \iint N_k\frac{\partial p^{(n+1)\Delta t}}{\partial n}\mathrm{d}s + \frac{\rho}{\Delta t}\iiint N_k\frac{\partial u_j^c}{\partial x_j}\mathrm{d}v \tag{6.15}$$

用单元插值形函数 N_k 作为权函数，k 代表示单元未知 p 节点编号，由上式可导得线性的正定对称稀疏系数矩阵，可用 L-R 法方便地求解。高时位压力解出后，由式（6.13）不难求出压力传播作用后的高时位流速值。

3. 扩散分步

式（6.7）可写成

$$\frac{u_i^{(n+1)\Delta t} - u_i^p}{\Delta t} = \frac{1}{Re}\nabla^2 u_i^{(n+1)\Delta t} \tag{6.16}$$

高雷诺数紊流扩散项影响很小，为减少计算工作量，可用显式有限单元法求解：

$$\iiint N_k u_i^{(n+1)\Delta t}\mathrm{d}v = \iiint N_k u_i^{n\Delta t}\mathrm{d}v + \frac{\Delta t}{Re}\iiint N_k\nabla^2 u_i^{p\Delta t}\mathrm{d}v \tag{6.17}$$

由式（6.17）便可求出高时位流速值，且无须解高阶代数方程组，即可求出扩散后高时位流速值。

6.4　埃尔米特插值单元的应用

高雷诺数紊流总是三维的，必须研究三维单元的埃尔米特插值函数，但至今尚未见有关三维埃尔米特插值单元的报道。1997 年作者参考二维四边形单元，提出了三维六面体协调单元的构造[19]。任意六面体有八个节点，每个节点上有八个已知函数 φ_i、$\varphi_{i,x}$、$\varphi_{i,y}$、$\varphi_{i,z}$、$\varphi_{i,xy}$、$\varphi_{i,yz}$、$\varphi_{i,zx}$、$\varphi_{i,xyz}$，用八个节点共 64 个值可求出六面体内任一点相应的八个函数值。采用三个完整的三次多项式插值函数，即

$$\varphi = \sum_{i=0}^{3}\sum_{j=0}^{3}\sum_{k=0}^{3} A_{ijk}x^{i}y^{j}z^{k} \tag{6.18}$$

式中，A_{ijk} 为待定系数。

式（6.18）含有 64 个节点条件，刚好可求出 64 个待定系数，可用传统的 64 个形函数形式 N_i 给出

$$\varphi = \sum_{i=1}^{8} N_i\varphi_i + \sum_{i=1}^{8} N_i\varphi_{i,x} + \sum_{i=1}^{8} N_i\varphi_{i,y} + \sum_{i=1}^{8} N_i\varphi_{i,z}$$
$$+ \sum_{i=1}^{8} N_i\varphi_{i,xy} + \sum_{i=1}^{8} N_i\varphi_{i,yz} + \sum_{i=1}^{8} N_i\varphi_{i,zx} + \sum_{i=1}^{8} N_i\varphi_{i,xyz} \tag{6.19}$$

节点流速及其一阶导数与混合导数均连续，保证了单元界面法向通量连续，这样的单元称为三维协调单元。用任意六面体单元，可适应复杂的几何边界。

通常在局部正规变换坐标下给出形函数，但混合（交叉）导数的存在，导致整体坐标和局部坐标之间的混合导数转换困难，所以须直接由整体直角坐标计算。这种情况下，很难给出形函数解析表达式，作者采用了编程方法，可方便地由计算机直接求出。

对每个六面体单元都要完成 $A_{(64, 64)}$ 的数组，不但计算工作量大，而且会占用很大的计算机容量。采用规则矩形六面体单元，工作量可大大减少，但存在复杂几何边界拟合问题，还有待改进。

6.5　收敛性检验

须指出，根据本书提出的剖开算子法，类似前述二维计算，可证明三步剖分是收敛的，若将对流分步式（6.9）、压力分步式（6.13）及扩散分步式（6.16）相加，可得

$$\frac{u_i^{(n+1)\Delta t} - u_i^{n\Delta t}}{\Delta t} = -\frac{1}{\rho}\frac{\partial p^{(n+1)\Delta t}}{\partial x_i} + \frac{1}{Re}\nabla^2 u_i^{(n+1)\Delta t} \tag{6.20}$$

式（6.20）即为未剖分时的隐式离散格式，表明本书采用的三维剖开算子解法，等同于不剖分的计算方程式，间接证明了它的收敛性。式（6.20）中扩散项用隐式解推导出，用显式求解，式（6.20）等号右端第二项应为 u_i^p，

在高雷诺数下对流场计算结果影响不大。

6.6　计算结果分析

本书所叙述的物理量均是无尺度的。对图 6.1 中的算例进行数值模拟，选取 h=1，u_0=1，坎上游段为 $4h$，坎下游段为 $30h$，坎宽为 $4h$，入流断面为带薄边界层的自由流，沿 y 方向均匀分布：

$$u = u_0(1 - \mathrm{e}^{\alpha z_0}), \quad z_0 = z - 1.0 \tag{6.21}$$

式中，α 为常数，取 α=328。

入流流速分布如图 6.2 所示，与试验的入流分布较接近。顺便指出，此常数 α 的选取，对计算结果不甚敏感。

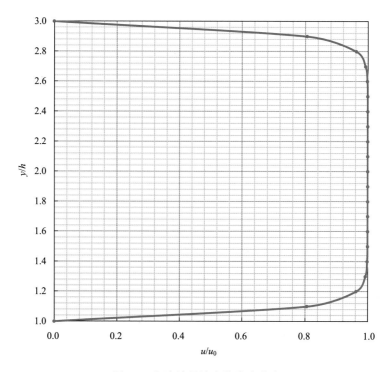

图 6.2　入流边界给定的流速分布

用矩形六面体单元离散流场，并采用均匀网格布置。根据计算机运算能力及计算结果精度等因素的考量，采用如下布置：Δx=0.17，Δy=0.25，

Δz=0.1，共计节点数为 103 955，单元数为 94 080。前人在用 RANS 法解跌坎水流时，指出沿坎高至少应布设 10 个节点，本书中网格布置密度与 RANS 法相当，远小于满足 Kolmogorov 微尺度要求的 $10^9 \sim 10^{11}$ 的数量级，总计算时间 T=300。时间步长 $\Delta t = 0.05$，可满足 CFL 条件。其余边界条件及初始条件已在 6.2 节中阐明。

以下计算结果均以无尺度数给出。

1. 考察点流速及压力随时间变化特性

图 6.3 给出了坎后 x=6.33h、y=2.0h、z=1.0h 处在 t >100 以后的流速及压力随时间的变化曲线，表明计算结果已进入平稳的随机振荡阶段，水平流速（u）最大脉动约达 0.5，侧向流速（v）约为 0.3，垂向流速（w）约为 0.4，表现为坎后由于水流分离产生了大尺度随机涡脉动。由图 6.3 还可见垂向流速（w）脉动与压力（p）位相差 180°。

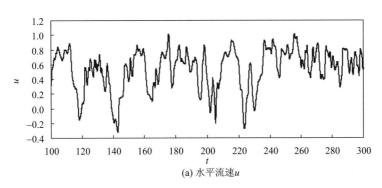

(a) 水平流速u

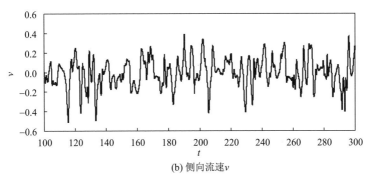

(b) 侧向流速v

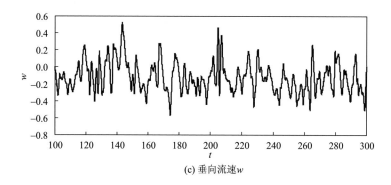

(c) 垂向流速 w

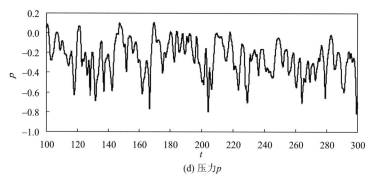

(d) 压力 p

图 6.3　坎后考察点流速（u，v，w）及压力（p）随时间的变化

2. 瞬时流场特性

图 6.4 给出了 $t=255h/u_0$、$270h/u_0$、$285h/u_0$、$300h/u_0$ 时刻的四个中心剖面的瞬时流速模 $\sqrt{u^2+w^2}$ 分布云图，其中最大值为 2.225（红色），最小值为 0（蓝色），可见流场随机变化过程。

图 6.5 分别给出了上述四个时刻中心剖面跌坎附近局部瞬时的流速矢量图。由图 6.5 可见，坎后流场不同瞬时均出现若干个大尺度漩涡，这些涡随时都在变形、移动、分解及合并，从而产生复杂的瞬时絮流流场。图 6.5 中还可看到，虽然漩涡主要发生在坎后区域，但在上边壁也时有漩涡发生。

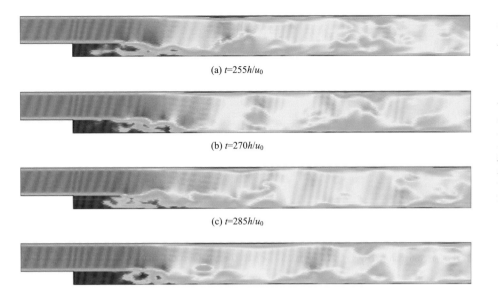

(a) $t=255h/u_0$

(b) $t=270h/u_0$

(c) $t=285h/u_0$

(d) $t=300h/u_0$

图 6.4 不同时刻中心剖面瞬时流速模分布云图

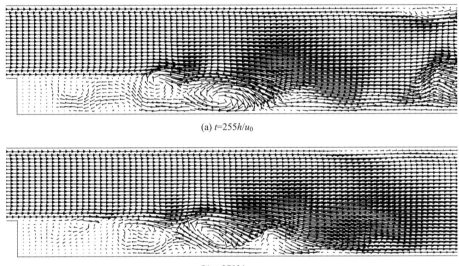

(a) $t=255h/u_0$

(b) $t=270h/u_0$

(c) $t=285h/u_0$

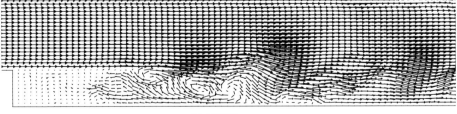

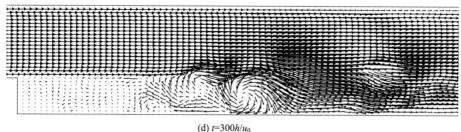

(d) $t=300h/u_0$

图 6.5　不同时刻中心剖面跌坎附近局部瞬时流速矢量图

3. 时均流场特性及再附着点位置 X_r

图 6.6 给出了中心剖面的时均流速模云图和流速矢量图。此图是在 $100<t<300$ 的平稳随机过程内，取 4000 个样本点时均而得，可见云图和矢量图均具有明显的规律性。图 6.6 中还可见，水流出跌坎后流体与边界分离，经一段分离区域后再附着边界，该位置称为再附着点，即 X_r，它是一个重要参数，全面确定了时均流场的力学特征，故通常把 X_r 作为检验数值方法的标准。为了精确地给定 X_r，从跌坎边内点的水平流速 u 沿 x 方向的变化可见 $x/h=7.16$ 处 u 为零，则可取 $X_r/h=7.16$，显然该处法向导数为零，边界素动切应力为零。

(a) 时均流速模云图

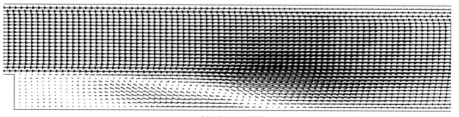

(b) 时均流速矢量图

图 6.6　中心剖面跌坎边内点时均流速模云图和流速矢量图

J. Kim 等的试验虽然未给出瞬时流场及时均流场，但从示踪剂可知主漩涡随时间大约在 $6h \sim 8h$ 内振荡，取其平均值 $X_r/h = 7$，可见本书中计算值与试验结果较吻合。由图 6.6 还可见在主涡下游 $1h$ 处还有一个较弱的二阶涡。Kopera 等[3]的数值模拟结果还发现有更小的三阶涡存在，而本书在粗网格下未能分辨出三阶涡。

图 6.7 给出了中心剖面上三个断面沿高度的水平流速分布，可见 $x/h =$ 5.33 和 8.00 的两个断面流速分布数值模拟值与试验值非常吻合，$x/h = 13.3$ 的第三个断面则有一定差异，原因尚待查明。

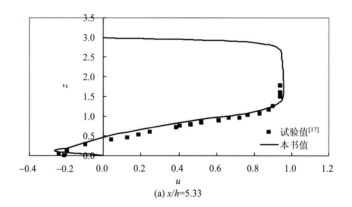

(a) x/h=5.33

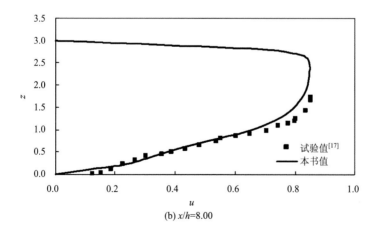

(b) x/h=8.00

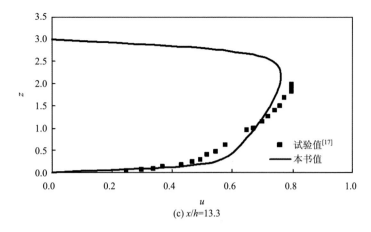

(c) x/h=13.3

图 6.7　中心剖面典型断面沿高度水平流速分布计算及试验结果比较

4. 流场紊动统计特性

为了节约内存，减少计算工作量，对每个瞬时分别叠加如下参数：

$$u_i^{n+1} = u_i^n + u_i'^{n+1}$$

$$u_j^{n+1} = u_j^n + u_j'^{n+1}$$

$$(u_i u_j)^{n+1} = (u_i u_j)^n + (u_i' u_j')^{n+1} \tag{6.22}$$

最终求得各时均值 $\overline{u_i}, \overline{u_j}, \overline{u_i u_j}$，根据脉动量运算规则便可求得各时均相关项：

$$\overline{u_i' u_j'} = \overline{u_i u_j} - \overline{u_i}\, \overline{u_j} \tag{6.23}$$

可见计算时间每进一步，只是做一次相应叠加，存储量不受样本个数影响，总存储量不变。

图 6.8～图 6.12 给出了中心剖面流场各紊动量的统计结果，可见各紊动量最大强度均在坎后 x= 5h 处，由于该处受强紊动剪切层的作用，远离跌坎后受剪切层作用减弱，各紊动统计量均明显减小。图 6.13 给出了两个位置（x/h=7.66，10.30）中心剖面的紊动切应力计算值和试验结果比较，可见本书计算值与试验结果虽趋势接近，但在数值上尚有差别，其原因有待查明。

图 6.8　中心剖面 $\overline{u'u'}$ 分布云图（最大值红色 0.069）

图 6.9　中心剖面 $\overline{v'v'}$ 分布云图（最大值红色 0.028）

图 6.10　中心剖面 $\overline{w'w'}$ 分布云图（最大值红色 0.035）

图 6.11　中心剖面脉动动能 k 分布云图（最大值红色 0.063）

图 6.12　中心剖面切应力 $\overline{w'u'}$ 分布云图（最大值红色 0.029）

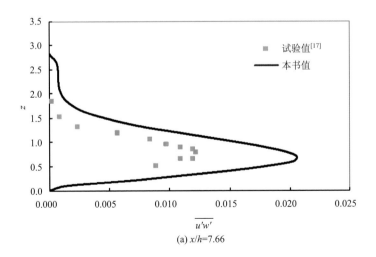

(a) x/h=7.66

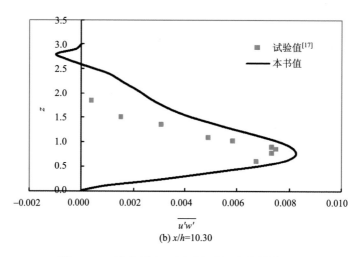

(b) x/h=10.30

图 6.13　两个位置中心剖面紊动切应力 $\overline{u'w'}$ 分布

5. 瞬时压力与时均压力特性

坎后压力是工程界关注的重要参数。例如，在水利工程中高水头建筑物的过门槽水流、通过不平整坝面的水流等均类似于跌坎型流动，为防止空蚀发生，必须控制瞬时负压值。图 6.14 给出了 $t=255h/u_0$、$270h/u_0$、

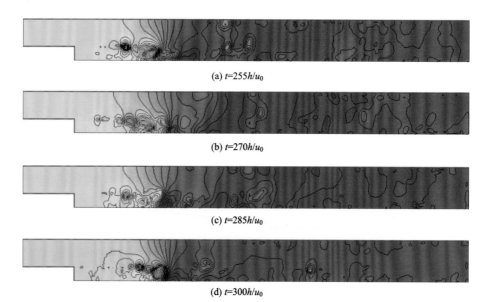

(a) $t=255h/u_0$

(b) $t=270h/u_0$

(c) $t=285h/u_0$

(d) $t=300h/u_0$

图 6.14　中心剖面不同瞬时压力场

$285h/u_0$、$300h/u_0$ 四个瞬时压力场，压力最大值（0.146）为红色，压力最小值（−1.081）为蓝色。可见压力场随时间而产生变化，常形成数个低谷，如发生在近壁则极易产生破坏性空蚀现象。图 6.15 给出了中心剖面时均压力场，可见压力分布十分有规律，压力最低值出现在坎后约 $4h$、高 $0.5h$ 处。

图 6.15　中心剖面时均压力场

图 6.16 给出了中心剖面沿坎边壁时均压力系数计算值与试验结果的比较，可见除跌坎附近外，计算值与试验结果符合得较好。图 6.17 还给出了跌坎边界压力脉动均方值 $\overline{p'p'}$ 的沿程分布，最大值在 $x/h = 6$ 处，达 0.022。图 6.18 给出了中心剖面的坎后断面最大无尺度剪应力 $\overline{u'w'}$ 沿程分布，可见在约 $x/h = 6$、$z/h = 0.5$ 附近最大，达 0.027。图 6.19 为中心剖面压力脉动均方值 $\overline{p'p'}$ 分布云图。

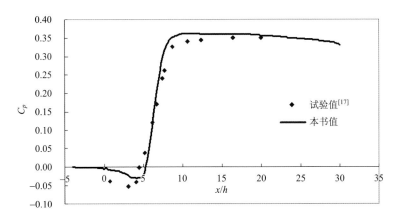

图 6.16　中心剖面沿坎边壁时均压力系数 C_p 分布

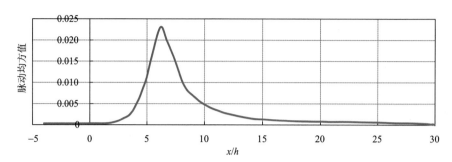

图 6.17　跌坎边界压力脉动均方值 $\overline{p'p'}$ 沿程分布

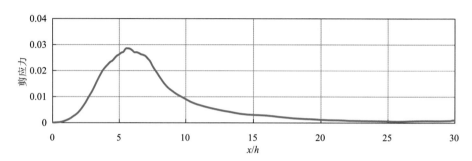

图 6.18　坎后断面最大无尺度剪应力 $\overline{u'w'}$ 沿程分布

图 6.19　中心剖面压力脉动均方值 $\overline{p'p'}$ 分布云图

6. 能量沿程变化特性

在二维跌坎水流计算中已指出，边界突扩的能量特性是工程中最关注的问题，在三维条件下其输送单位无尺度瞬时能量 e_j 可写为

$$e_j = \frac{1}{Q_j} \int_{A_j} u_j (p_j + u_j^2 + v_j^2 + w_j^2) \mathrm{d}a \tag{6.24}$$

式中，Q_j 为断面 j 过流流量。进而可求出输送的单位能量时均值：

$$\overline{e_j} = \frac{1}{Q_j} \int_{A_j} \overline{u_j}(\overline{p_j} + \overline{u_j^2} + \overline{v_j^2} + \overline{w_j^2})\mathrm{d}a$$

$$+ \frac{1}{Q_j} \int_{A_j} \overline{u}(\overline{u'u'} + \overline{v'v'} + \overline{w'w'})\mathrm{d}a$$

$$+ \frac{1}{Q_j} \int_{A_j} (\overline{u'p'} + \overline{uu'u'} + \overline{vv'u'} + \overline{ww'u'})\mathrm{d}a \qquad (6.25)$$

$$+ \frac{1}{Q_j} \int_{A_j} (\overline{u'u'u'} + \overline{u'v'v'} + \overline{u'w'w'})\mathrm{d}a$$

由式（6.25）可见，断面时均单位机械能输送无尺度量由两部分组成，第一项即不计压力及流速脉动影响的时均输送量，后三项则是计及脉动影响的附加能量输送量。相对能量输送量定义为

$$\Delta e_j = e_1 - e_j \qquad (6.26)$$

式中，e_1 为进口断面能量。

图 6.20 给出了 e_j 沿程变化的计算结果。可见是否计及脉动影响，二者有很明显差异，不计及脉动时能量损失偏大 50%。此外，能量损失在 3<x/h<8 的强剪切主涡区间内较大，但 x/h >8 以后剩余脉动能量仍明显存在，坎后有一段较长的流态恢复段。

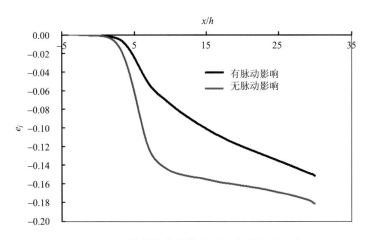

图 6.20　跌坎单位能量输送无尺度量沿程变化

众所周知，水力学中用一维流动理论导出其能量损失系数 ξ_1：

$$\xi_1 = \left(1 - \frac{A_1}{A_2}\right)^2 \tag{6.27}$$

式中，ξ_1、A_1 和 A_2 分别是能量损失系数、坎前及坎后过水面积。容易证明：

$$\xi_1 = -\Delta e_j \tag{6.28}$$

水力学中用一维计算 ξ_1=0.111，是一个常数，而本书通过数值计算可知，Δe_j 沿流程是变化的。根据本算例，由图 6.20 可知，不计脉动约在 x/h =5.1 处，ξ_1=0.1，计及脉动则在 x/h =16.2 处，ξ_1=0.1，二者有很大差别，表明脉动作用对于能量耗散影响极大。

7. 三维拟协调单元

前述应用三维协调单元计算过程中，发现它仅适应规则几何边界，对于非规则几何边界则要对不同体型单元进行计算，计算工作量很大，未能体现出有限元的优点。

1999 年作者曾提出一种三维拟协调单元[19]，以计算强对流输运方程，不但节省工作量，而且精度也较高，有望用于三维 DNS 计算，并可适应复杂几何边界。具体做法如下。

如图 6.21 所示，总体坐标下任意六面体单元选用如下函数 C 插值多项式：

$$C = \sum_{i=0}^{3} \sum_{j=0}^{3} \sum_{k=0}^{3} A(i,j,k) x^i y^j z^k \tag{6.29}$$

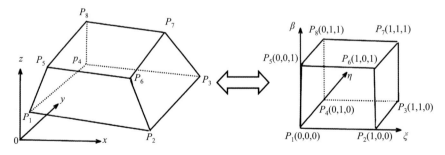

图 6.21　总体坐标（x, y, z）与局部坐标（ξ, η, β）

控制（$i+j+k$）≤4，式（6.29）则有 32 个待定系数，取四个节点 C_i、C_{xi}、C_{yi}、C_{zi} 作为节点条件，共 32 个，可通过解 32 阶代数方程组求得待定系数，但工作量较大。利用图 6.21 中的变换关系，在局部变换单元上有类似式（6.29）的关系：

$$C = \sum_{i=0}^{3} \sum_{j=0}^{3} \sum_{k=0}^{3} A(i,j,k) \xi^i \eta^j \beta^k \tag{6.30}$$

由式（6.30）很容易求得待定系数的解析表达式。可利用两坐标系之间的关系：

$$\begin{bmatrix} C_\xi \\ C_\eta \\ C_\beta \end{bmatrix} = \begin{bmatrix} x_\xi \, x_\eta \, x_\beta \\ y_\xi \, y_\eta \, y_\beta \\ z_\xi \, z_\eta \, z_\beta \end{bmatrix} \begin{bmatrix} C_x \\ C_y \\ C_z \end{bmatrix} \tag{6.31}$$

$$\begin{bmatrix} C_x \\ C_y \\ C_z \end{bmatrix} = \begin{bmatrix} x_\xi \, x_\eta \, x_\beta \\ y_\xi \, y_\eta \, y_\beta \\ z_\xi \, z_\eta \, z_\beta \end{bmatrix}^{-1} \begin{bmatrix} C_\xi \\ C_\eta \\ C_\beta \end{bmatrix} \tag{6.32}$$

从而避免多次多元代数方程组求解，详见文献[19]。

第 **7** 章　LES 计算三维跌坎紊流

||||||||||||||||||||||||||||||||||||||

7.1　LES 基本思想

大涡模拟（LES）最基本的思想是滤波理论，仅滤去小波，产生的误差用模型代替，保留大波直接模拟。大涡模拟有各种滤波方法[16]，但看不出滤波方法在 LES 建模中起任何作用，也未见如何保证滤去的是想滤去的小尺度涡。有意思的是，1974 年 Leonard 提出 LES 的紊流模型概念，至今用得最广、最成熟的仍是 1963 年由 Smagorinsky 创建的理论[4]，该理论类似于普朗特混合长和梯度扩散概念，简称 SGS 模型。通过局部空间平均，该模型把导致的附加剪应力称为 SGS 应力，SGS 应力和涡运动黏性系数表示如下：

$$\frac{1}{\rho}\tau_{ij} = -2\nu_t s_{ij} + \frac{1}{3\rho}\tau_{kk}\delta_{ij}, \ s_{ij} = \frac{1}{2}\left(\frac{\partial u_i}{\partial x_j} + \frac{\partial u_j}{\partial x_i}\right) \tag{7.1}$$

$$\nu_t = (C_s\Delta)^2\sqrt{2s_{ij}s_{ij}} \tag{7.2}$$

式中，ρ 为流体密度；τ_{ij} 是 SGS 应力；ν_t 为涡运动黏性系数；δ_{ij} 为 delta 函数；C_s 为经验系数。可见，涡运动黏性系数 ν_t，由计算网格特征长度 Δ 确定，这表明滤去的是计算网格尺度同数量级小涡，导致的附加 SGS 应力较 RANS 应力小很多，所以 SGS 能显示大涡脉动流场，而 RANS 仅能给出时均流场。

如果 $C_s = 0$，SGS 应力忽略，LES 则可简化为 DNS，二者的差异将在后文中讨论。

7.2 LES 时均方程推导

通过空间平均 N-S 方程得到 LES 方程形式，实际上也可用时均方法推导，同样可得到与 LES 形式一致的方程。设

$$\bar{u} = \int_0^{\Delta t} u \, \mathrm{d}t, \ \bar{v} = \int_0^{\Delta t} v \, \mathrm{d}t, \ \bar{w} = \int_0^{\Delta t} w \, \mathrm{d}t, \ \bar{p} = \int_0^{\Delta t} p \, \mathrm{d}t \tag{7.3}$$

与雷诺方程时均所采用的时间不同，这里采用时间步长进行时均，表明因步长不足而略去的小涡所致。导出的紊动切应力和黏性剪应力量纲相同，可称为时均后引起的附加剪应力，简便起见，略去表示各参数时均值的横线，可写成如下张量表达式：

$$\frac{\partial u_i}{\partial t} + \frac{\partial (u_i u_k)}{\partial x_k} = -\frac{1}{\rho} \frac{\partial p}{\partial x_i} + \frac{\mu}{\rho} \frac{\partial}{\partial x_k} \left(\frac{\partial u_i}{\partial x_k} \right) - \frac{1}{\rho} \frac{\partial \tau_{ik}}{\partial x_k} \tag{7.4}$$

附加紊动剪应力假设为黏性剪应力形式，即第 2 章中 Boussinesq 首先提出的雷诺应力涡黏性假设：

$$-\frac{\tau_{ij}}{\rho} = \nu_t \left(\frac{\partial u_i}{\partial x_j} + \frac{\partial u_j}{\partial x_i} \right) - \frac{2}{3} k \delta_{ij} \tag{7.5}$$

式中，ν_t 即为紊动动力黏性系数，通常在零方程中用普朗特 1925 年提出的混合长假设计算。LES 中 SGS 模型亦用混合长假设，与式（7.1）一致，只是 SGS 用式（7.2）计算 ν_t，作者亦借用式（7.2）。

根据以上所述，大涡模拟可以理解为 RANS 中零方程黏性模型。LES 的所谓滤波理论，算法中未见直接联系，把 LES 称为零方程模型更确切。

实际上可以发现，普朗特近壁流速对数分布推导，即是二维情景下零方程模型，式（7.5）只是针对三维情景下的通用模式。

7.3 基本方程及定解条件

由式（7.4）及式（7.5）可给出无尺度形式的 LES 基本方程为

$$\frac{\partial u_i}{\partial t}+\frac{\partial(u_iu_k)}{\partial x_k}=-\frac{1}{\rho}\frac{\partial p}{\partial x_i}+\frac{\partial}{\partial x_k}\left(\frac{1}{Re}+\frac{v_t}{u_0h}\right)\frac{\partial u_i}{\partial x_k} \tag{7.6}$$

式中，Re 为雷诺数。式（7.6）及连续方程构成了大涡模拟基本方程。定解条件及数值解法均同第 6 章所述。

经试算，发现 C_s 小于 0.1 时，计算结果与试验值较吻合，下文给出 C_s=0.1 的计算结果。C_s=0 即为 DNS，可见 LES 仅增加了一个修正项，此修正项作用有多大，将在后面评述。

7.4　计算结果

图 7.1 给出了不同瞬时流场及时均流场的计算云图。由图 7.1 可见，瞬时流场随时变化，每个瞬时流场各异，而时均流场回流流态明确，这表明 LES 方法可得到与 DNS 类似的瞬时流场。

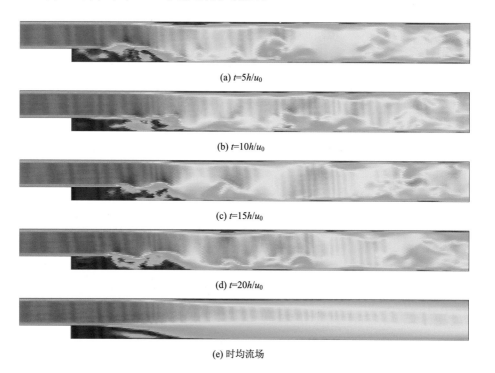

(a) t=5h/u_0

(b) t=10h/u_0

(c) t=15h/u_0

(d) t=20h/u_0

(e) 时均流场

图 7.1　不同瞬时流场及时均流场计算结果

图 7.2 给出了不同瞬时压力场及时均压力场计算云图。由图 7.2 可见，瞬时压力及压力场随不同时刻变化，但时均压力及压力场规律性很好，说明 LES 方法可得到与 DNS 类似的结果。

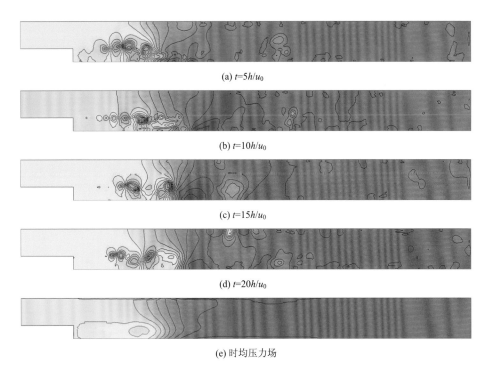

(a) $t=5h/u_0$

(b) $t=10h/u_0$

(c) $t=15h/u_0$

(d) $t=20h/u_0$

(e) 时均压力场

图 7.2 不同瞬时压力场及时均压力场计算云图

由图 7.3～图 7.6 可看出，时均脉动压力、时均脉动动能、时均水平流速脉动及时均紊动切应力等参量的最大值（红色）均发生在坎后 $4h$～$7h$ 的强剪切层区域。

APD

图 7.3 时均脉动压力 LES 计算结果（最大值 0.033 红色）

AKD

图 7.4 时均脉动动能 LES 计算结果（最大值 0.06 红色）

AUD-0.064

图 7.5　时均水平流速脉动 LES 计算结果（最大值 0.064 红色）

AUWD 0.026/-0.002

图 7.6　时均紊动切应力 LES 计算结果（最大值 0.026 红色）

众所周知，RANS 模型只能得到时均流场，不能给出瞬时流场，而从属 RANS 的 LES 零方程模型，由于用了式（7.2）计算 v_t，v_t 仅是微小的值，得到与 DNS 相似计算结果，且可以得到瞬时流场。

7.5　DNS 和 LES 方法比较

图 7.7 给出了两种方法计算的底部压力系数沿程变化。可见 DNS 和 LES 之间差距并不明显，除 x/h=5 附近外，两者均和试验值接近。

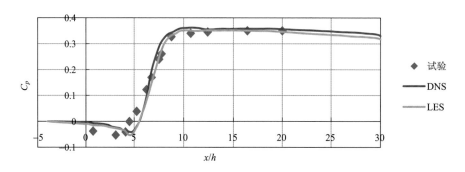

图 7.7　底部压力系数比较

图 7.8 给出了沿底部的时均水平流速分布，u/u_0=0 处的 x 值可认为是回流再附着点。LES 方法计算所得 X_r/h=7.67，DNS 方法计算所得 X_r/h =7.17，试验值为 X_r/h =7.0，可见 DNS 方法的 X_r 计算值与试验值更为接近。

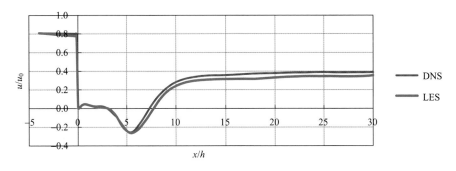

图 7.8　沿底部时均水平流速计算值比较

　　仅从压力系数和水平流速计算结果的比较中，尚难判断用 LES 与 DNS 哪个方法更好，有待今后进一步论证。但是作者认为，在相同网格尺度下，凡是用 LES 算出的结果，与 DNS 算出的结果没有本质性差别。

　　众所周知，LES 是通过滤波方法，滤去小波，直接对大涡模拟计算，所以大涡模拟可得到瞬时流场。但如何保证滤去小涡、滤去多大尺度的小涡可以保证结果的合理性，尚未见有文献谈及。读者会发问：RANS 模型只能给出时均流场，无法得到瞬时流场，零方程模型更是如此，为什么 LES 法却能得到瞬时变化的流场？追究其原因，是紊动黏性用 Smagorinsky 的式（7.2），参数用网格尺度 Δ，使紊流黏性系数 ν_t 远小于 k-ε 二方程模型。

第 8 章　RANS 计算跌坎紊流

||||||||||||||||||||||

8.1　概　　述

数值模拟高雷诺数复杂水流运动是近代流体力学中最大的难题之一，虽然直接求解 N-S 方程（DNS 法）是最理想的方法，但受计算机速度和容量所限，目前尚不能实现，往往需要借助半经验半理论的紊流模型来封闭时均雷诺方程组，其中 k-ε 模型仍是目前解高雷诺数下复杂紊流流场的最成熟模型。

过跌坎水流是检验紊流模型和数值方法最有说服力的典型算例，并公认坎后漩涡长度（即主流再附着点位置）是检验紊流模型优劣的重要指标，但许多研究者发现坎后的漩涡长度计算值一般均小于试验值，差异竟达到 20%～25%，因此不断有人在研究如何完善 k-ε 紊流模型。

许多文献报道了标准 k-ε 模型中五个常数的调整研究，有些调整幅度很大，甚至采用了控制论方法调整[20]，对跌坎水流进行了常数优化辨识，将模型中最重要的常数 C_μ 由 0.09 改为 0.497，从而使漩涡长由 $6.07h$ 改进为 $6.7h$，接近试验值 $7h$。更多的研究者则从标准 k-ε 模型基本假设着手，对 Boussinesq 紊动各向同性假设做修正，有些则对壁函数局部平衡假设条件做修正。放弃 Boussinesq 假设，窦国仁从紊流随机理论出发建立了 k-ε-S 模型[21]，改善了漩涡长度的计算精度。此后学者们对各种改进的模型做了对比研究[22,23]，改进的 RKE、RNG 模型和标准 k-ε 紊流模型（SKE）

相比，在漩涡长度上确有改善，但压力系数计算和试验结果仍有约 20% 的误差。

　　数值计算值与试验结果的差异，除模型本身外，数值方法处理也是一个主要原因。作者注意到自 20 世纪 90 年代以来，主要研究放在模型完善上，而有关它的数值方法研究甚少。Davies 和 Chung[24]做了离散网格疏密度对回流长度计算结果的影响研究，表明沿坎高至少布置 10 个节点，才能保证计算精度。研究者还对台阶流动流场做了分区，对不同区域用不同紊流模型，从而提高计算效率[25]。

　　目前有限体积法是求解 $k\text{-}\varepsilon$ 模型最常见的数值方法，对流项采用迎风格式，并采用了一种交错网格，以便边界条件处理和压力项的耦合，这是目前一直沿用的解法。

　　Zijlema 等详细地报道了这种解法[14]，为了适应复杂几何边界形状，采用了适体坐标变换系统。目前流行的商业软件均采用这种典型的数值解法，如 FLUENT。

　　本书用标准的 $k\text{-}\varepsilon$ 模型，求解了过跌坎二维紊流，得到了良好的收敛解，计算结果与试验值吻合较好，说明只要有合适的数值方法并正确地给出求解的边界条件，采用标准的 $k\text{-}\varepsilon$ 模型即可得到满意的计算结果，也表明了本书所提出的剖开算子法是求解复杂紊流的一种有效的数值方法。

8.2　定解问题的提出

　　1980 年在美国斯坦福复杂紊流学术会议上，建议把过跌坎紊流试验 REF 组次的试验条件作为数值研究验证对象的计算条件[13]。本书以此为计算模型和验证依据，为避免非线性迭代计算的麻烦，采用非恒定流逼近恒定流方法。非恒定流条件下，二维标准 $k\text{-}\varepsilon$ 紊流模型由下述的基本方程和五个常数组成：

$$\frac{\partial u}{\partial x} + \frac{\partial v}{\partial y} = 0 \qquad (8.1)$$

$$\frac{\partial u}{\partial t} + u \frac{\partial u}{\partial x} + v \frac{\partial u}{\partial y} = -g \frac{\partial p}{\partial x} + \frac{\partial}{\partial x}\left[(v + v_t)\frac{\partial u}{\partial x}\right] + \frac{\partial}{\partial y}\left[(v + v_t)\frac{\partial u}{\partial y}\right] \quad (8.2)$$

$$\frac{\partial v}{\partial t} + u \frac{\partial v}{\partial x} + v \frac{\partial v}{\partial y} = -g \frac{\partial p}{\partial y} + \frac{\partial}{\partial x}\left[(v + v_t)\frac{\partial v}{\partial x}\right] + \frac{\partial}{\partial y}\left[(v + v_t)\frac{\partial v}{\partial y}\right] \quad (8.3)$$

$$\frac{\partial k}{\partial t} + u \frac{\partial k}{\partial x} + v \frac{\partial k}{\partial y} = P_k + \frac{\partial}{\partial x}\left[\left(\frac{v + v_t}{\sigma_k}\right)\frac{\partial k}{\partial x}\right] + \frac{\partial}{\partial y}\left[\left(\frac{v + v_t}{\sigma_k}\right)\frac{\partial k}{\partial y}\right] - \varepsilon \quad (8.4)$$

$$\frac{\partial \varepsilon}{\partial t} + u \frac{\partial \varepsilon}{\partial x} + v \frac{\partial \varepsilon}{\partial y} = P_\varepsilon + \frac{\partial}{\partial x}\left[\left(\frac{v + v_t}{\sigma_\varepsilon}\right)\frac{\partial \varepsilon}{\partial x}\right] + \frac{\partial}{\partial y}\left[\left(\frac{v + v_t}{\sigma_\varepsilon}\right)\frac{\partial \varepsilon}{\partial y}\right] - \frac{C_{\varepsilon 2}\varepsilon^2}{k} \quad (8.5)$$

这是包含五个未知量的非线性偏微分方程组，式中压力以压力水头表示，因是有压流，故未计及重力，有关符号表示如下：

$$P_k = v_t\left[2\left(\frac{\partial u}{\partial x}\right)^2 + 2\left(\frac{\partial v}{\partial y}\right)^2 + \left(\frac{\partial v}{\partial x} + \frac{\partial u}{\partial y}\right)^2\right] \quad (8.6)$$

$$P_\varepsilon = C_{\varepsilon 1}\frac{\varepsilon}{k}P_k \quad (8.7)$$

$$v_t = C_\mu \frac{k^2}{\varepsilon} \quad (8.8)$$

$$\varepsilon = v\overline{\frac{\partial u_i'}{\partial x_k}\frac{\partial u_i'}{\partial x_k}} \quad (8.9)$$

$$C_\mu = 0.09, \ C_{\varepsilon 1} = 1.44, \ C_{\varepsilon 2} = 1.92, \ \sigma_k = 1.0, \ \sigma_\varepsilon = 1.3 \quad (8.10)$$

求解上述方程组的边界条件，应根据实际研究对象给出。本书为了与试验值进行验证，由文献[13]的试验条件确定。坎上游 4h 的试验断面处边界层位移厚度仅 0.026h，因此入流断面可看成是自由流，流速均匀分布，k 和 ε 均应为零。出流断面认为已发展为正常均匀管道紊流，u、k 和 ε 作为自然边界条件处理，它们的法向导数为零。

在上下固壁边界，作为不滑动边界，流速为零。利用壁函数方法，把 k 和 ε 的边界放在紧靠固边的内节点组成的内边界上，作为一类边界处理，根据文献[9,11]给出内边界点的值：

$$u_* = u_i \ln(Eu_* / v) \quad (8.11)$$

$$k = \alpha \frac{u_*^2}{\sqrt{C_\mu}}, \varepsilon = \frac{u_*^3}{ky_i} \quad (8.12)$$

72

式中，u_i、y_i 为内边界切向流速和内点到固边距离；E 为 0.9，表示光滑边界。这是典型的壁函数处理方法，式（8.12）的系数 α 值为 1.0，下文将详述，本书用 0.5 可使计算结果更合理。

压力边界条件：入流边界和固边均为自然边界，它的法向导数为零，出流边界为一类边界。在入流边界上，使流速由零线性变化到流速常量 u_0 后不变，从而由非恒定流转为恒定流，初始条件则为静止流场。

由上述基本方程和它的边界条件及初始条件组成的定解问题，是一个多元的非线性偏微分方程组的定解问题，目前数学上还无法从理论上证明它的适定性，只能经验性给定，最终由数值试验检验。

这里必须指出，k 或 ε 均在分母中出现，因此在求解过程中它们不能为零，否则很容易导致计算发散。在自由流区域或远离边界层区域，k 和 ε 均可能接近零，在编程中应该注意。在入流断面，常用方法总是作为充分发展的紊流条件给出 k 和 ε，虽然可避免这两个值出现零值，但是如果入流断面为自由流，这样处理将会导致结果失真。

8.3 数 值 解 法

本书采用任意三角形单元离散流场，以便适合复杂的几何边界形状，从而可避免应用复杂的适体坐标变换。

计算方法几乎与第 5 章相同，仅对流插值用线性插值更为简单，本章不再详细叙述。

8.4 数值验证试验及结果分析

应用三角形线性单元离散流场，总节点数为 2931，单元数为 5600。图 8.1 给出了流场离散网格示意图。

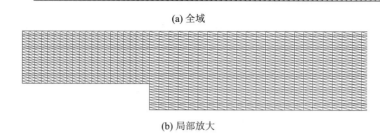

(a) 全域

(b) 局部放大

图 8.1　流场离散网格示意图

本书共进行了三组数值试验，均采用标准 k-ε 模型，即采用规定的常数，对入流条件和式（8.12）中的 α 值做了比较。第一组为本书推荐的方案，即入流断面完全按文献[13]的验证试验确定，为边界层甚薄的自由流，流速均匀分布，k、ε 均为零，但式（8.12）中 k 系数 α 值为 0.5，该组是本书推荐的组次，给出了详细的计算结果；第二组是为了比较式（8.12）中 α 值的影响，对不同 α 值进行了对比，其他参数同第一组；第三组是为考察入流断面 k、ε 值的选取对计算结果的影响，在第一组基础上，入流断面 k、ε 值采用文献[20]提供的充分紊流值，其他同第一组。

图 8.2 给出了第一组条件下跌坎面的内边界的切向流速沿程分布，可见流速分布在 $6.94h$ 处变向，该值即为分离漩涡的长度（又称主流再附着点），和试验值 $7.0h$ 非常接近。图 8.3 给出了三个断面的流速分布，可见在坎后回流区流速分布计算值和试验结果吻合甚好，但在较远的下游流态恢复区有一定差异，其原因尚待查明。图 8.4 还给出了全流场计算结果，图 8.5 给出了跌坎面压力系数 C_p 沿壁面的变化，C_p 为考察点的压力与入流断面压力差除以流速水头的无尺度数：

$$C_p = \frac{p - p_0}{U_0^2 / (2g)} \tag{8.13}$$

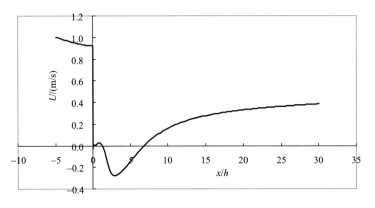

图 8.2　跌坎面内边界水平（切向）流速沿程分布

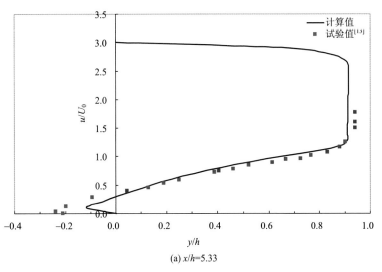

(a) x/h=5.33

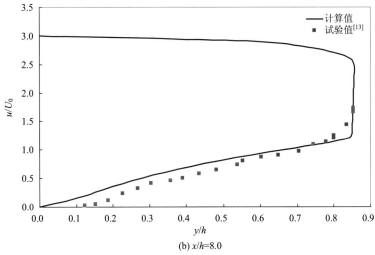

(b) x/h=8.0

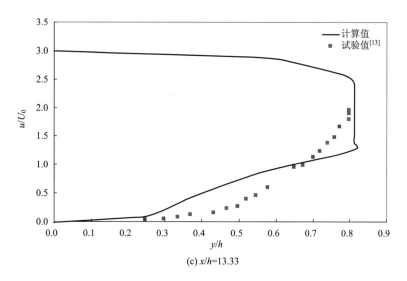

(c) *x/h*=13.33

图 8.3   坎后三个断面流速分布计算结果

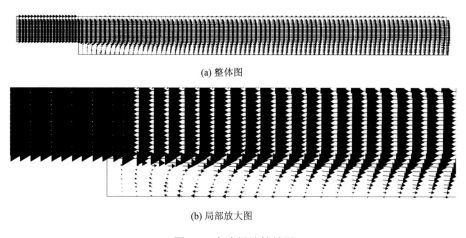

(a) 整体图

(b) 局部放大图

图 8.4   全流场计算结果

跌坎水流有广泛的工程应用背景，查明它的能量特性具有重要的实际意义，为此本书进行了探讨。沿程单位时间通过断面的单位能量（即能头）由下式计算：

$$e_i = \frac{1}{q}\int_0^{h_i} u_i \left(p_i + \frac{u_i^2}{2g} \right) \mathrm{d}h \qquad （8.14）$$

图 8.6 给出了能头沿程的变化，可见台阶形消能过程能头沿程逐步降低。

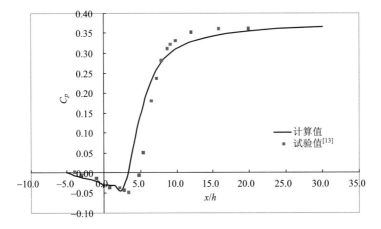

图 8.5　跌坎面压力系数沿壁面计算结果

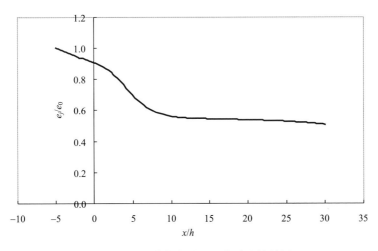

图 8.6　断面单位能量沿程衰减计算结果

沿程能量损失系数可用式（8.15）定义：

$$C_i = (e_r - e_i)\Big/ \frac{U_0^2}{2g} \tag{8.15}$$

式中，e_r 为跌坎始端断面单位能量。图 8.7 给出了 C_i 沿程各断面的变化规律，可见它不是想象中的间断突变。但在 0 至 $x/h=7$ 的范围内能量损失沿程变化率最快，表明主要在坎后漩涡内消能。用一维流动导出的突扩水流能量局部损失系数为

$$\xi_0 = \left(1 - \frac{A_1}{A_2}\right)^2 \qquad (8.16)$$

式中，A_1 和 A_2 为突扩前后的过水面积。由此可算出通常的突然放大的局部损失系数为 0.11，而在 $7.0x/h$ 的漩涡终点处，其相对损失系数是 0.1，二者颇为接近。

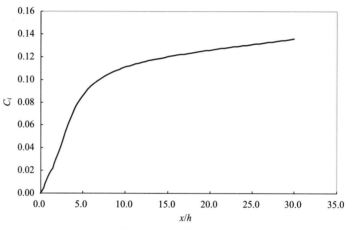

图 8.7　坎后能量损失系数沿程分布计算结果

　　图 8.8 给出了沿程断面最大紊动切应力的计算结果，可见计算值和试验值二者趋势较接近，均有一个最大值存在，但最大值及其位置均有明显差异，最大值计算位置在坎后漩涡区中间，而试验值则在漩涡末端的再附着点附近，这与复杂流态测量定位困难影响测量精度有关。

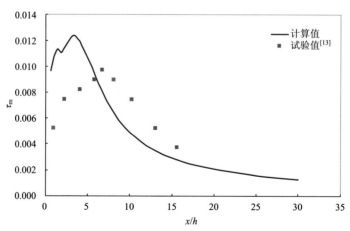

图 8.8　沿程断面最大紊动切应力计算结果

第二组数值试验结果表明，α 值对漩涡长度和压力系数均有明显影响。图 8.9 给出了它对漩涡长度的影响，可见 α 值由 0.0 增大到 0.6，漩涡长度均接近 6.94，此后则随 α 值增大迅速减小，在 $\alpha=1$ 时仅为 6.2，明显小于试验值。像许多文献报道的那样，标准 k-ε 模型常用计算方法均取 $\alpha=1$，从而导致算出的漩涡长度总小于试验结果。图 8.10 给出了跌坎侧边墙上 $x/h=20$ 时的压力系数值和最小压力系数计算结果，表明 α 值的选取对压力系数计算结果很敏感，在 $\alpha=1$ 时二个特征压力系数计算值分别为 0.16 和 –0.21，与试验值的 0.36 和–0.05 相差甚远。从本书数值计算结果看，采用 $\alpha=0.5$ 可明显改善标准 k-ε 模型计算精度。

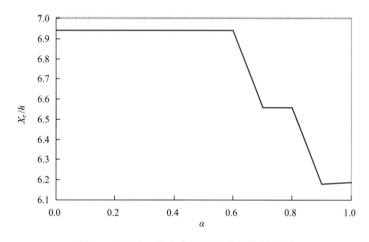

图 8.9 不同 α 值分离漩涡长度计算值结果

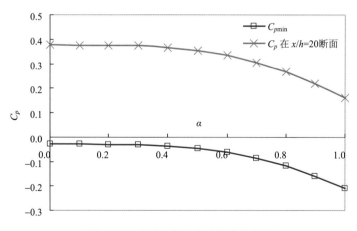

图 8.10 不同 α 值压力系数计算结果

　　第三组数值试验表明，入流断面 k、ε 条件按通常采用的完全发展紊流给定时，发现回流长度 X_r/h 为 6.54，逊于第一组，表明入流条件应根据真实入流条件确定。

　　为了检验计算方法的收敛性和守恒性，结合第一组计算结果，图 8.11～图 8.13 分别给出了出口断面流量、进口断面压力和回流长度随时间的变化，显示了由非恒定流渐变为恒定流的收敛过程，表明本书所提出的由静止流场转为恒定流场的方法具有良好的收敛性，也表明用非恒定流解恒定流是一种有效方法，避免了非线性迭代初值选择的困难。图 8.14 还给出了计算时间 4 s 结束时沿程各断面过流量，可见本书计算方法有良好的守恒性。

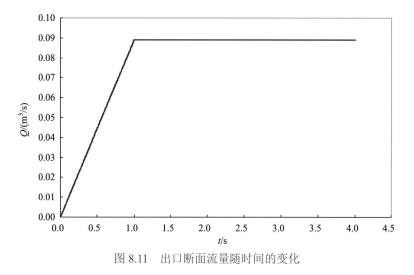

图 8.11　出口断面流量随时间的变化

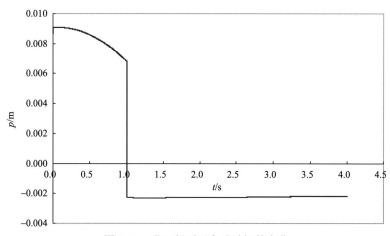

图 8.12　进口断面压力随时间的变化

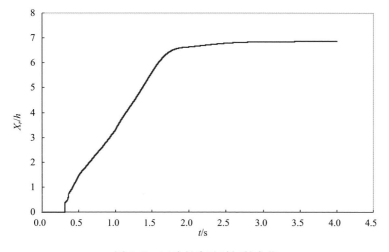

图 8.13　回流长度随时间的变化

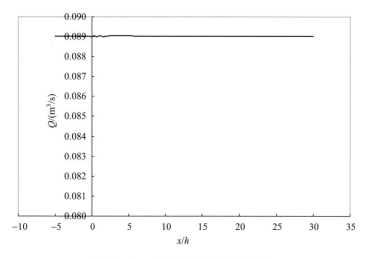

图 8.14　t=4 s 时沿程各断面过流量

8.5　对 RANS 评述

作者用 RANS、DNS、LES 分别对同一跌坎算例做了数值计算,对 RANS 有如下认识:

(1)计算量极小;

(2)计算方法相对简单,易实现;

（3）引入大量经验系数，普适性差；

（4）无法给出有价值的瞬态特征。

如果作者不知试验验证资料，α 是无法选定的，DNS 无任何待定系数，可见 DNS 研究具有重要意义。

第 *9* 章 网格加密计算

有关在 DNS 算法下适当加密网格对计算精度的影响，本章做了探索性实践。因限于个人计算资源条件，本书仅进行适当加密试算，取 $\Delta z/h$=0.0625，$\Delta x/h$=0.125，$\Delta y/h$=0.125，Δt=0.05h/u_0。图 9.1 为入口断面中心流速分布情况，沿侧向均匀分布。

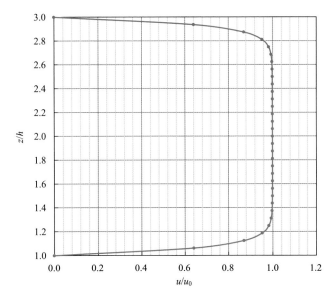

图 9.1　入口断面中心流速分布

图 9.2 给出了沿程 x/h 的单宽时均流量 q，可见可以保证连续方程精确满足。

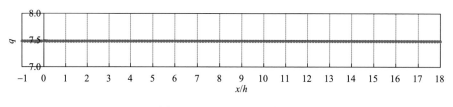

图 9.2　沿程时均断面流量

图 9.3 为节点（$x=7.0h$，$y=2.0h$，$z=1.0h$）处三个流向的流速脉动量计算结果，可见 $t=100h/u_0$ 之后计算结果已处于稳态状况，表明所给出的各时均值是可信的，也说明入流断面只要给出恒定流速分布，不必附加流速脉动值，计算仍可得流速脉动量。

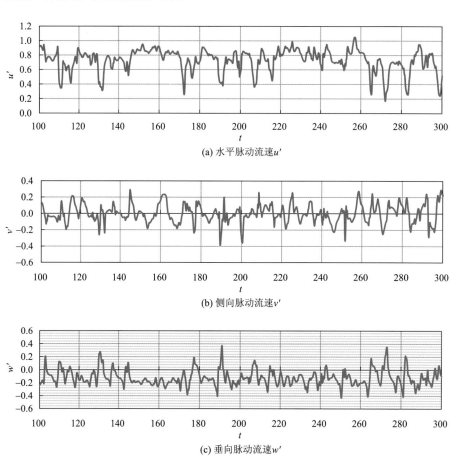

(a) 水平脉动流速 u'

(b) 侧向脉动流速 v'

(c) 垂向脉动流速 w'

图 9.3　坎后剪切层流速脉动量随时间变化计算结果

边界层中的"拟序结构"概念是 20 世纪 70 年代提出的，在紊流脉动过程中会产生一些有序的大尺度紊动，其间隙时间具有一定规律，但也是随机的，要想记录具有统计价值，必须包含拟序过程，也就是说时均的样本应足够多，统计时间要足够长。

图 9.4 给出了坎后近壁点水平流速 u 沿程变化，可见在 $x=7.0h$ 处流速 u 为零，这便是回流再附着点，即 $X_r/h=7.0$，与试验值完全一致。

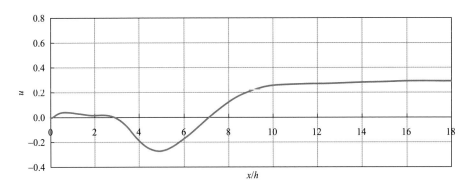

图 9.4　坎后近壁点水平流速 u 沿程分布

图 9.5 给出了坎后底部切应力沿程分布，无尺度切应力可由壁函数求出，可见在 $x/h=5.0$ 处存在最大负切应力，这是坎后大涡所致。

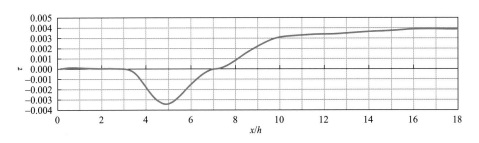

图 9.5　坎后底部切应力 τ 沿程分布

图 9.6 给出了坎后底部压力系数沿程分布，可见在 $x/h=3\sim8$ 间计算结果与试验值仍有较为明显的差别，原因尚待探明。

图 9.7 给出了不同断面紊动切应力 $\overline{u'w'}$ 计算结果与试验值的比较。由图 9.7 可见，计算值明显偏大，原因尚待查明。

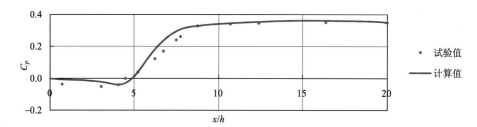

图 9.6　坎后底部压力系数沿程分布

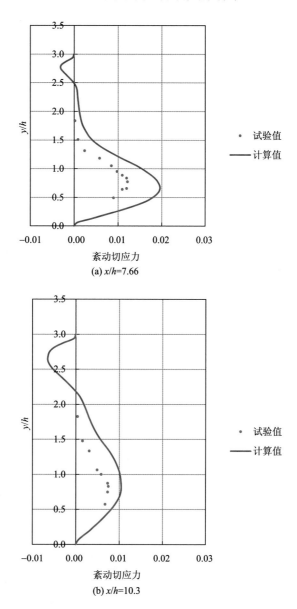

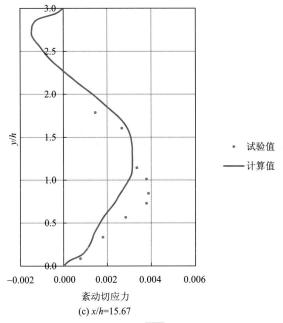

(c) x/h=15.67

图 9.7　各断面紊动切应力 $\overline{u'w'}$ 计算值与试验值比较

　　图 9.8 给出了坎后底部无尺度脉动压力沿程变化，可见 x/h=5.0～7.0间脉动压力最大，是强剪切层紊动所致，对预测空蚀现象的发生具有非常重要的意义。

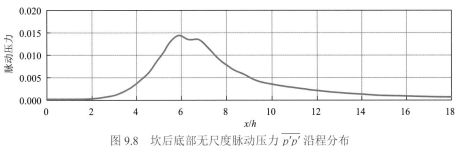

图9.8　坎后底部无尺度脉动压力 $\overline{p'p'}$ 沿程分布

　　图 9.9 给出了水平向及垂向流速脉动产生的断面最大无尺度紊动切应力沿程分布，最大值为 0.026，和第 6 章最大值 0.029 相比，网格加密后，切应力略减小，与试验结果更为接近。

　　图 9.10 为坎后三个断面水平流速 u 分布计算结果与试验值的比较。由图 9.10 可见，计算值与试验值十分接近。在 x/h=13.3 断面处，计算结果较粗网格有明显改善。

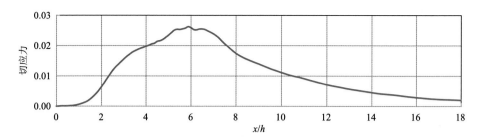

图 9.9　坎后底部断面最大无尺度紊动切应力 $\overline{u'w'}$ 沿程分布

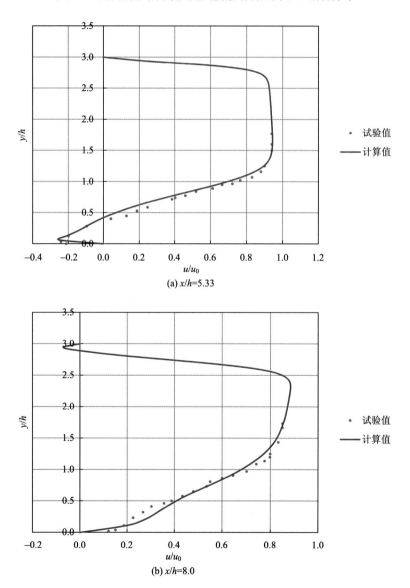

(a) x/h=5.33

(b) x/h=8.0

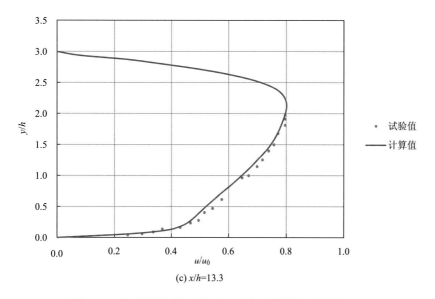

(c) x/h=13.3

图 9.10　坎后各断面水平流速 u 分布计算值与试验值比较

图 9.11～图 9.16 分别给出了无尺度的脉动动能 k、水平流速 u 脉动方差、侧向流速 v 脉动方差、垂向流速 w 脉动方差、剪切应力、压力 P 脉动方差的计算结果。可见脉动动能、各向流速脉动强度与前述计算算例一致，均发生在坎后主涡区，引起能量集中消耗。此外，还能清晰见到，在流道顶部，也有稍强的流动参数脉动。

图 9.11　脉动动能 k 分布云图（最大值红色 0.061）

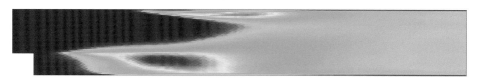

图 9.12　水平流速 u 脉动方差计算云图（最大值红色 0.067）

图 9.13　侧向流速 v 脉动方差计算云图（最大值红色 0.025）

图 9.14　垂向流速 w 脉动方差计算云图（最大值红色 0.031）

图 9.15　剪切应力计算云图（最大值红色 0.026/最小值蓝色–0.08）

图 9.16　压力脉动方差计算云图（最大值红色 0.029）

图 9.17 和图 9.18 分别给出了瞬时和时均主流速流场的分布计算云图，与前述算例类似，可见变化之多。

(a) $t = 10h/u_0$

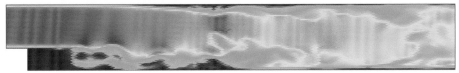

(b) $t = 12h/u_0$

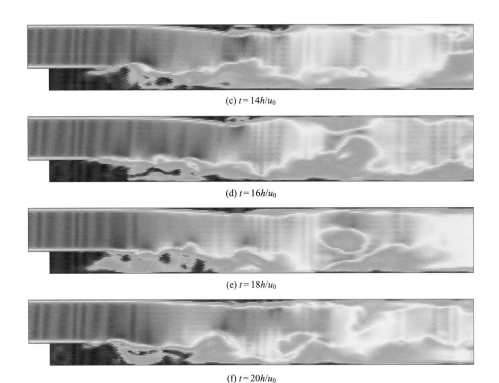

(c) $t = 14h/u_0$

(d) $t = 16h/u_0$

(e) $t = 18h/u_0$

(f) $t = 20h/u_0$

图 9.17　瞬时主流速流场分布计算云图

图 9.18　时均主流速流场分布计算云图

图 9.19 给出了瞬时流速矢量场，可清晰看到不同瞬时流场流态不断变化，涡形和尺度各异，充分表明紊流流场是由大小、形态不一的涡流组成的认识。

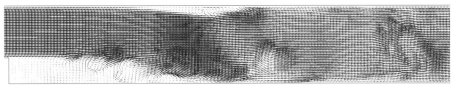

(a) $t = 10h/u_0$

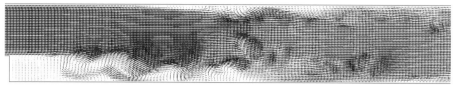

(b) $t=12h/u_0$

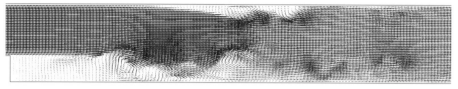

(c) $t=14h/u_0$

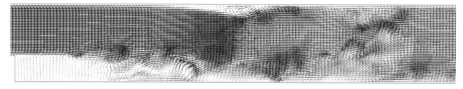

(d) $t=16h/u_0$

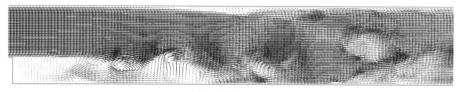

(e) $t=18h/u_0$

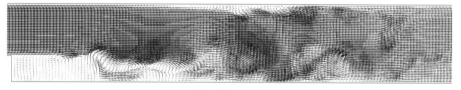

(f) $t=20h/u_0$

图 9.19　瞬时流速矢量场

　　图 9.20 给出了时均流速矢量场计算结果，其中流态分布不同于瞬时流场的无序变化，与试验结果吻合。由图 9.20 可见，坎后主涡区时均流速比瞬时流速小，表明该区各流动参数脉动强度大，形成了图 9.11～图 9.16 的特征。同时也看到上边界有一细长的涡区，也与前述各图相对应，表明该区域存在低压区。

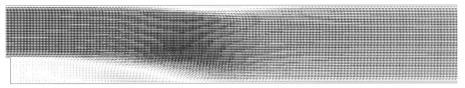

图 9.20 时均流速矢量场

图 9.21 和图 9.22 分别给出了瞬时压力分布和时均压力分布计算云图，可见坎后压力随时间不断变化，压力最高值为 0.177（红色），最低值为

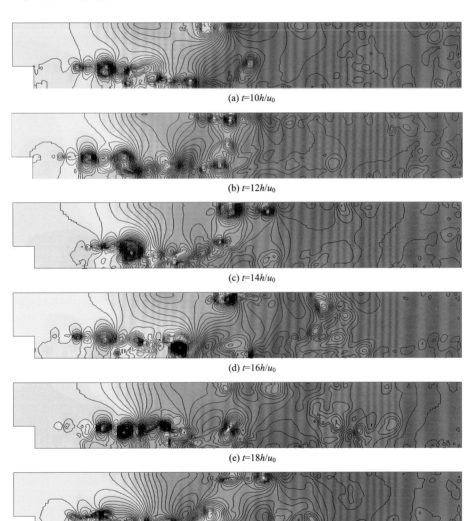

(a) $t=10h/u_0$

(b) $t=12h/u_0$

(c) $t=14h/u_0$

(d) $t=16h/u_0$

(e) $t=18h/u_0$

(f) $t=20h/u_0$

图 9.21 瞬时压力分布计算云图

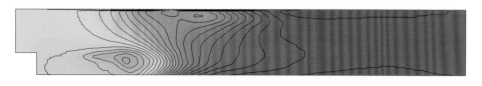

图 9.22　时均压力分布计算云图

−1.134（蓝色），产生多个低压区，这些是水工泄水建筑高速水流最为研究人员所关心的区域，这种低压区如发生在边界，极易产生破坏性空蚀现象。

　　作者还注意到，网格加密后流场各参数计算结果较粗网格的计算结果更光滑，表明计算精度有所提高。

第 *10* 章　台阶水流数值试验研究

10.1　紊流的 2D 和 3D 计算对比

目前应用最广的计算流体力学（computation fluid dynamics，CFD）商用软件中，LES 采用三维模拟，但缺少 DNS 可用的程序。在工作量上，2D 和 3D 模拟有数量级的差别。因此在计算对象有明显的二维特征流动，利用数值方法模拟紊流运动时，首先要确定选用 2D 还是 3D 模型。但在学术界，认为紊流总是具有三维特征的，因此必须用 3D 模型，那么采用 2D 模型求解能得到有意义的结果吗？尚存疑。为此，本章专门采用 2D 模型和 3D 模型模拟紊流，进行对比试验研究。

首先考察单向收缩比为 2、雷诺数 $Re=9000$ 的算例。2D 模型采用拟协调三角形单元，3D 模型采用六面体协调单元。

图 10.1 给出了跌坎边界压力系数沿程分布计算结果。由图 10.1 可见，两种方法所得的跌坎边界压力系数沿程分布计算结果趋势相近，但仍有一定差别，其中 3D 模型的计算结果较为平滑。

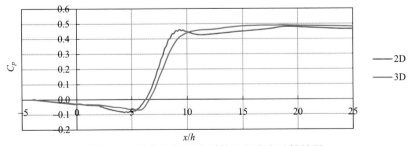

图 10.1　跌坎边界压力系数沿程分布计算结果

图 10.2 给出了跌坎下边界近边界内点水平流速 u 沿 x 方向分布的计算结果。由图 10.2 可知，2D 和 3D 计算流场再附着点长度均相等，X_r/h=8.5，但在恢复区 x/h=10 以后近壁流速 u 的 3D 计算结果明显比 2D 计算结果大。

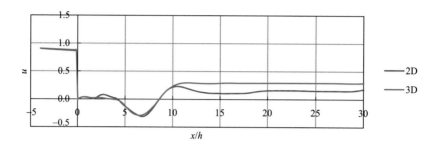

图 10.2　跌坎下边界近边界内点水平流速 u 沿 x 方向计算结果

图 10.3 给出了沿 x 方向各断面最大紊动切应力分布比较结果。由图 10.3 可见，沿 x 方向各断面最大紊动切应力分布的 2D 和 3D 计算结果有明显差别，2D 切应力是 3D 切应力的一半，而且峰值也不在同一位置。

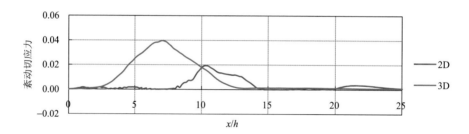

图 10.3　沿 x 方向各断面最大紊动切应力分布比较

图 10.4 和图 10.5 分别给出了 2D 和 3D 主流速计算云图。从图 10.4 和图 10.5 可以看到，2D 和 3D 的瞬时主流速云图有明显差别，2D 主流速云图呈波浪形，而 3D 主流速云图中主流则完全扩散，呈不规则状态。

仍用以上算法，对收缩比为 1.5、Re=44 000 的情况进行了计算比较。

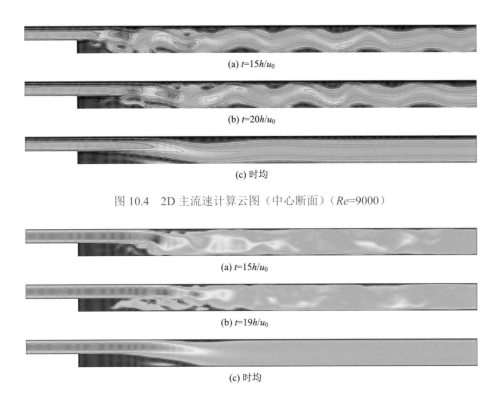

(a) $t=15h/u_0$

(b) $t=20h/u_0$

(c) 时均

图 10.4　2D 主流速计算云图（中心断面）（$Re=9000$）

(a) $t=15h/u_0$

(b) $t=19h/u_0$

(c) 时均

图 10.5　3D 主流速计算云图（中心剖面）（$Re=9000$）

图 10.6 给出了跌坎下边界压力沿 x 方向分布计算结果。由图 10.6 可见，在 x/h=4～8 的位置 2D 和 3D 计算结果有明显区别，而其他位置均十分相近。跌坎下边界近边内点水平流速 u 沿 x 方向计算结果如图 10.7 所示，2D 计算的 X_r/h=7.0，3D 计算的 X_r/h=7.15，在恢复区 x/h=10 之后，2D 和 3D 计算结果有类似前述的差别。

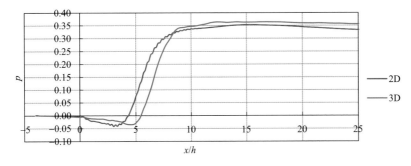

图 10.6　跌坎下边界压力沿 x 方向分布计算结果

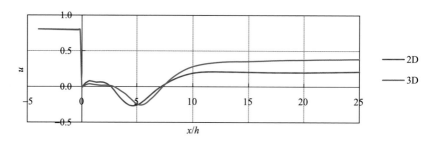

图 10.7 跌坎下边界近边内点水平流速 u 沿 x 方向计算结果

图 10.8 给出了沿 x 方向各断面最大紊动切应力分布的比较。从图 10.8 可见，与图 10.3 中 2D 和 3D 的最大紊动切应力差别仍相似。

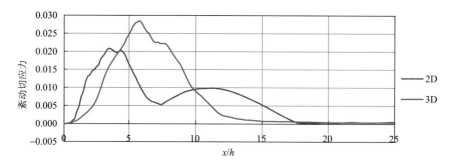

图 10.8 沿 x 方向各断面最大紊动切应力分布比较

数值试验表明，对于具有平面特点的台阶紊流运动，用 2D 得到的时均压力场和流场基本和 3D 相近，Re 越高越接近，但脉动统计特征差别明显，这是忽略侧向流速脉动影响所致。在工程优化方案阶段 2D 仍是可取的，其计算量比 3D 少很多。

10.2 紊流的不对称性分析

紊流具有一个重要特性，即不对称性。虽然流场计算边界可以对称布置，但所产生的流场却是不对称的，在流体工程中这种特性可以被应用，也可能造成麻烦，如水工水力学中的折冲水流便是一个典型案例。为查明不对称规律，本节利用数值试验进行了研究。

首先对突扩比为 1∶3 的对称扩散体型，以入流断面主流速 u_0、单边

坎高 h 表示的 $Re=44\ 000$，进行了协调单元的 3D 计算，结果如图 10.9 所示。由图 10.9 可见，虽然流道是对称的，但流场却不对称，出跌坎后主流出现上扬现象。

图 10.9　$Re=44\ 000$ 条件下 3D 时均紊流流场

为了摸清这种不对称性与雷诺数的关系，对层流至紊流全过程做了数值计算。采用突扩比为 1∶2 的对称布置，对以入流断面主流速 u_0、单边坎高 h 表示的 Re，从 $Re=44$ 至 $Re=44\ 000$，进行了 2D 计算比较，计算结果如图 10.10 所示。图 10.11 为 $Re=44\ 000$ 条件下入口微扰动后 2D 时均流场云图。

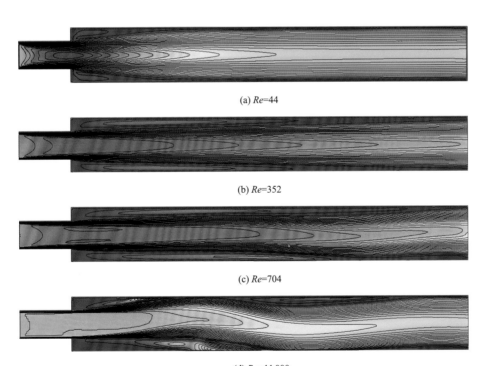

(a) $Re=44$

(b) $Re=352$

(c) $Re=704$

(d) $Re=44\ 000$

图 10.10　$Re=44\sim44\ 000$ 条件下 2D 时均流场云图

图 10.11　Re=44 000 条件下入口微扰动后 2D 时均流场云图

由图 10.10 和图 10.11 可见，Re≤352 时，处于层流阶段，时均流场具有明显对称性，随着雷诺数增大，对称性逐渐演变为不对称，但素流脉动特征尚未出现。这种不对称，可能产生如图 10.10 的向上弯曲，也可能如图 10.11 所示向下弯曲，是随机的，就如同压杆失稳现象。在跌坎入口点加微小扰动，则产生如图 10.11 所示的相反的不对称。

值得指出，应用最早、最广的 RSM 中的 k-ε 模型，在 Re=44 000 条件下，其计算流场仍是对称的，表明采用 RSM 不但不能捕到瞬时流场脉动，而且不对称性也无法模拟。但应指出，文献[26]在对称的跌坎试验中，收缩比为 1.0417，Re=5000，在较小雷诺数素流下，仍是对称的流场，对称布置方式产生不对称流场的机理尚待研究。

10.3　射流的不对称性分析（2D）

应用 10.2 节的算法程序，进一步对 2D 对称布置的孔口射流做了数值试验，突扩比为 1：11。图 10.12 给出了层流和素流射流 2D 计算流场云图。

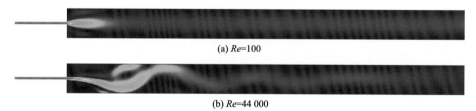

(a) Re=100

(b) Re=44 000

图 10.12　层流和素流射流 2D 流场云图

由图 10.12 可见，Re=100 层流时，射流具有对称性，但 Re=44 000 素流时，射流呈现不对称形态。图 10.13 给出了 Re=44 000 时 k-ε 模型 2D 射流流场云图，表明在 Re=44 000 高雷诺数时，用时均 k-ε 模型 2D 计算流场

仍具有对称性。

图 10.13　*Re*=44 000 时 *k-ε* 模型 2D 射流流场云图

对称性数值试验表明，大收缩比台阶的紊流流场将产生不对称流动，但传统的 *k-ε* 模型不能反映这种不对称性特征。

图 10.14 和图 10.15 分别为层流和紊流条件下的对称和不对称现象。

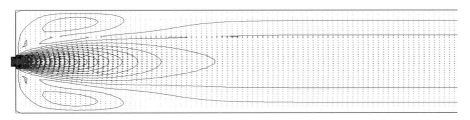

(a) 主流速线

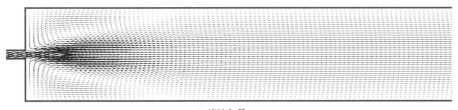

(b) 流速矢量

图 10.14　*Re*=100 层流下 2D 流场主流速线及流速矢量局部放大图

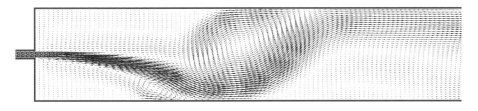

图 10.15　*Re*=44 000 紊流下 2D 流场流速矢量局部放大图

第 *11* 章 2D 层流数值计算

||||||||||||||||||||||||||||||

11.1 问题的提出

为了查明层流的某些特点，作者采用高精度紊流程序计算层流。采用第 5 章所编制的二维台阶紊流计算程序，进行二维台阶层流计算，发现了一些十分有趣的现象。

作者注意到有两篇文献均研究了台阶收缩比为 2.0 的试验[27, 28]，为便于比较，本章也选用与试验相同的布置形式。进口断面流速用与试验相同的层流抛物线分布，用进口断面平均流速为特征流速、台阶高 h 为特征长度表示雷诺数 Re。文献中对 Re 数定义有异，下文叙述均简化为本书相同的定义。

11.2 层流流场特征

根据 Armaly 等[27]学者的试验研究结果，$Re<600$ 为层流，作者在此雷诺数内进行计算。图 11.1 给出了层流流态随雷诺数变化的计算结果。由图 11.1 可见，不同雷诺数下坎后下边界均有明显分离漩涡，随着雷诺数加大而变长；在坎后上侧边界，发现 $Re=200$ 后有主流分离现象，随着雷诺数增大，分离涡变长，主要是坎后主流弯曲所致，与文献[27, 28]的试验现象一致。同时还可见，层流条件下，流场分布规律光滑，未出现紊流场的特征。

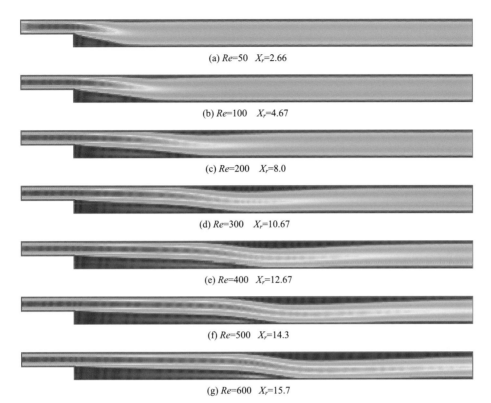

(a) *Re*=50　*X*$_r$=2.66

(b) *Re*=100　*X*$_r$=4.67

(c) *Re*=200　*X*$_r$=8.0

(d) *Re*=300　*X*$_r$=10.67

(e) *Re*=400　*X*$_r$=12.67

(f) *Re*=500　*X*$_r$=14.3

(g) *Re*=600　*X*$_r$=15.7

图 11.1　层流流态随雷诺数变化

　　图 11.2 为二维层流 X_r 计算值与试验值的比较。虽然二者之间均有明显差别，随着雷诺数增加而差别加大，但 *Re*<400 的计算值与文献[28]十分接近。这说明作者的二维紊流计算程序用于计算层流也是可信的。经查明，雷诺数在 500、600 的两组 X_r 计算值偏小，原因之一是两组收敛均较慢，计算时间不够长；原因之二是该两组可能有三维特征。作者曾用三维计算跌坎流动，在 *Re*=400 时与 Armaly 等的试验相近[27]。

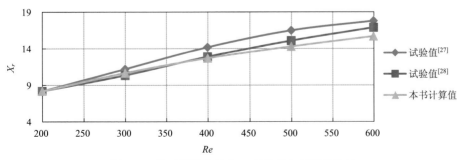

图 11.2　坎下再附着长度 X_r 计算值与试验值比较

图 11.3 给出了两组雷诺数条件下坎后上边界内点的水平流速 u 的沿程分布，可见上边界分离涡 X_ru 的长度，随雷诺数增大而加长。

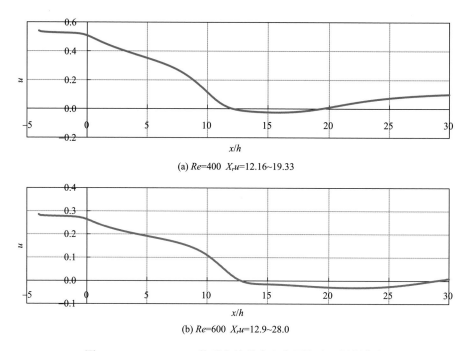

(a) $Re=400$ $X_ru=12.16\sim19.33$

(b) $Re=600$ $X_ru=12.9\sim28.0$

图 11.3 $Re=400$、600 坎后上边界内点水平流速 u 沿程分布

11.3 层流孕育紊流种子

令作者惊讶的是，在层流中流速存在着有规律的脉动现象。图 11.4 为层流中水平脉动流速方差分布云图。从图 10.4 中可见，最大方差随雷诺数变化的有序特征，方差最大区域（红色）成双出现，而且雷诺数越大，最大方差区域距跌坎越远，这与试验中观察到的坎后上下均存在分离涡现象一致。

图 11.5 给出了层流中紊动切应力 $\overline{u'v'}$ 断面最大值沿程分布，与图 11.4 云图规律一致，呈双峰状。

(a) Re=200，最大方差（红）0.001 1

(b) Re=300，最大方差（红）0.001 37

(c) Re=400，最大方差（红）0.001 76

(d) Re=500，最大方差（红）0.001 936

(e) Re=600，最大方差（红）0.007 569

图 11.4　层流中水平脉动流速方差 $\overline{u'u'}$ 分布云图

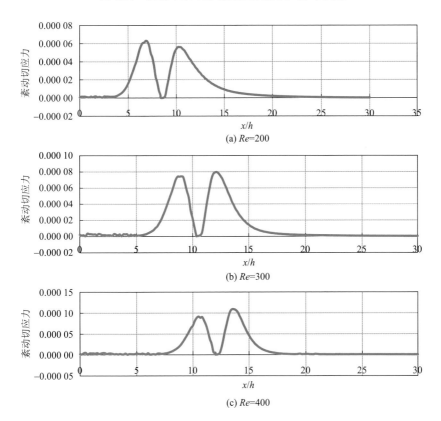

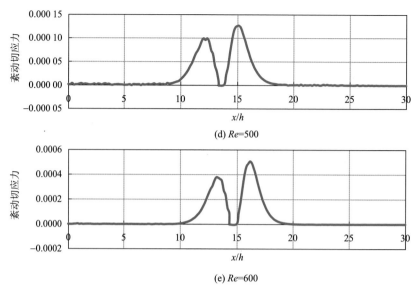

(d) Re=500

(e) Re=600

图 11.5　层流中紊动切应力 $\overline{u'v'}$ 断面最大值沿程分布

图 11.6 给出了 Re=500、600 坎后 x=5.33h，y=1.0h 处水平脉动流速随时间的变化。可以清晰看到，水平脉动流速随时间的变化，与紊流相比振

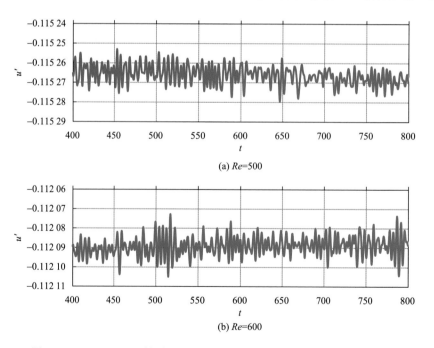

(a) Re=500

(b) Re=600

图 11.6　Re=500、600 坎后 x=5.33h，y=1.0 h 处水平脉动流速随时间变化

幅甚小，以试验的灵敏度是不可能被察看到的，作者只是因好奇心用 2D 紊流计算程序来模拟层流，才记录了紊流的脉动特征，这真是层流中孕育着紊流。这表明层流向紊流的过渡过程，与现在认知相比，流态转换雷诺数更低。

参考文献

[1] Orszag S A, Patterson G S. Numerical simulation of three-dimensional homogeneous isotropic turbulence[J]. Physical Review Letters, 1972, 28(2): 76-79.

[2] Le H, Moin P, Kim J. Direct numerical simulation of turbulent flow over a backward-facing step[J]. Journal of Fluid Mechanics, 1997, 330: 349-374.

[3] Kopera M A, Kerr R M, Blackburn H M, et al. Direct numerical simulation of turbulent flow over a backward-facing step[J/OL]. Coventry: The University of Warwick, 2014. https://warwick.ac.uk/fac/sci/maths/people/staff/robert_kerr/backwardpaper_submission.pdf.

[4] Smagorinsky J. General circulation experiments with the primitive equations[J]. Monthly Weather Review, 1963, 91(3): 99-164.

[5] Kim J, Moin P. Application of a fractional-step method to incompressible Navier-Stokes equations[J]. Journal of Computational Physics, 1985, 59(2): 308-323.

[6] 丁道扬, 吴时强. 三维宽浅河道水流数学模型研究[J]. 中国工程科学, 2010, 12(2): 32-39.

[7] Ding D Y, Liu P L F. An operator-splitting algorithm for two-dimensional convection–dispersion–reaction problems[J]. International Journal for Numerical Methods in Engineering, 1989, 28(5): 1023-1040.

[8] 丁道扬, 吴时强, 刘金培. 应用协调单元计算三维对流问题[J]. 水利水运科学研究, 1997(2): 114-124.

[9] 金忠青. N-S 方程的数值解和紊流模型[M]. 南京: 河海大学出版社, 1989.

[10] 王福军. 计算流体动力学分析: CFD 软件原理与应用[M]. 北京: 清华大学出版社, 2004.

[11] Wilcox D C. Turbulence Modeling for CFD[M]. New Delhi: DCW Industries, Inc., 1993.

[12] Launder B E, Spalding D B. The numerical computation of turbulent flows[J]. Computer Methods in Applied Mechanics and Engineering, 1974, 3(2): 269-289.

[13] Kim J, Kline S J, Johnston J P. Investigation of a reattaching turbulent shear layer: Flow over a backward-facing step[J]. Journal of Fluids Engineering, 1980, 102(3): 302-308.

[14] Zijlema M, Segal A, Wesseling P. Finite volume computation of 2D incompressible turbulent flows in general co-ordinaetes on staggered grids[R]. Delft: Delft University of Technology, 1994.

[15] 吴江航, 韩庆书. 计算流体力学的理论、方法及应用[M]. 北京: 科学出版社, 1988.

[16] 清华大学水力学教研室. 水力学[M]. 1980 年修订版: 上下册. 北京: 人民教育出版社, 1981.

[17] Ding D Y, Wu S Q. Numerical application of k-ε turbulence model to the flow over a backward-facing step[J]. Science China Technological Sciences, 2010, 53(10): 2817-2825.

[18] 《数学手册》编写组. 数学手册[M]. 北京: 高等教育出版社, 1979.

[19] 吴时强, 丁道扬, 刘金培. 三维对流问题的拟协调六面体单元解法[J]. 力学学报, 2000, 32(6): 676-685.

[20] 钱炜祺, 蔡金狮. 个可压湍流流动 K-ε 两方程模型参数辨识[J]. 水动力学研究与进展, 2000, 15(4): 450-454.

[21] 叶坚, 窦国仁. k-ε-S 紊流模型的应用[J]. 水利水运工程学报, 1991(1): 1-9.

[22] You X Y, Bart H J. Comparison of the Reynolds-averaged turbulence models on single phase flow simulation in agitated extraction columns[J]. Chinese Journal of Chemical Engineering, 2003, 11(3): 362-366.

[23] Kim J Y, Ghajar A J, Tang C, et al. Comparison of near-wall treatment methods for high Reynolds number backward-facing step flow[J]. International Journal of Computational Fluid Dynamics, 2005, 19(7): 493-500.

[24] Davies P, Chung Y. Modelling of flow separation over a backward-facing step using Flovent[R]. Coventry: University of Warwick, 2003.

[25] Goodarzi M, Lashgari P. An optimized multi-block method for turbulent flows[J]. International Journal of Mechanical and Mechatronics Engineering, 2008, 2(12): 1291-1294.

[26] Jovic S, Driver D M. Backward-facing step measurements at low Reynolds number, Re_h=5000[R]. Moffett Field: National Aeronautics and Space Administration, 1994.

[27] Armaly B F, Durst F, Pereira J C F, et al. Experimental and theoretical investigation of backward-facing step flow[J]. Journal of Fluid Mechanics, 1983, 127: 473.

[28] Lee T, Mateescu D. Experimental and numerical investigation of 2-D backward-facing step flow[J]. Journal of Fluids and Structures, 1998, 12(6): 703-716.

后　记

写本书目的是向读者交流作者在 DNS 研究方面的成果，这些成果主要有：

（1）利用 DNS 模拟紊流，可不受科尔莫戈罗夫微尺度理论的制约，在较粗网格下也可得到满足工程设计要求的结果。研究的重点，特别是高雷诺数紊流，应是 N-S 数值方法。

（2）作者提出的剖开算子法，用协调或拟协调单元解对流算子的计算方法，是 DNS 有效方法之一。

（3）LES 方法实质上应归于 RANS 中最简单的黏性模型中的零方程模型，但 LES 的效果尚待查明。

（4）紊动产生是方程失稳所致，DNS 数值模拟紊流时，入流断面无须附加脉动值。

每一种计算方法都是在不断完善中发展的，作者提出的 DNS 解法，目前留下了两个遗憾：其一，压力泊松方程用消去法解，计算工作量、总计算量都很大，待寻找有效的迭代方法；其二，用三维协调单元不适合解复杂的几何边界问题，应进行拟协调单元的应用研究。

科学总是在继承和批判前人研究的基础上发展的，包括自我批判。从 1883 年雷诺试验起，紊流研究已有 141 年历史，在近代计算技术和试验技术迅速发展的基础上，紊流研究也在迅速发展。盼望此书可以丰富紊流数值模拟研究，促进紊流研究的发展。